**Mentha:**

**Statistische Fabrikationsüberwachung in der Industrie**

Dr. Gérald Mentha

Professor für industrielle Statistik und wissenschaftliche Arbeitsorganisation
an der Universität in Genf

# Statistische Fabrikationsüberwachung in der Industrie

(Columbia-Abnahmestichprobenpläne und Kontrollkartenverfahren)

übersetzt und bearbeitet von
Diplom-Volkswirt Heinz Köth

Betriebswirtschaftlicher Verlag Dr. Th. Gabler, Wiesbaden

ISBN 978-3-322-98002-1    ISBN 978-3-322-98623-8 (eBook)
DOI 10.1007/978-3-322-98623-8

Verlags-Nr. 275

# Vorwort des Übersetzers

Das Vordringen der Statistik in alle Wissensbereiche ist ein Merkmal der neuzeitlichen Entwicklung. In der Physik bedeutete sie geradezu eine Revolution. Auch in der Biologie, Genetik, Medizin und Psychologie brachte die Statistik neue fruchtbare Forschungsmethoden.

In den Wirtschaftswissenschaften hat sich namentlich in den anglo-amerikanischen und skandinavischen Ländern die "neue Wissenschaftslehre" durchgesetzt, d.h. die Lehre, in der die theoretischen Erkenntnisse im statistischen Laboratorium ihre Verifikation erfahren.

In der "technischen Statistik" wurden verschiedene Stichprobenverfahren entwickelt, die zu bedeutenden Kosten- und Materialersparnissen führten.

Prof. Hans Kellerer bemühte sich, dem deutschsprachigen Leserkreis die Theorie und Praxis der Stichprobenverfahren in der "amtlichen Statistik" praktisch vorzuführen, d.h. vornehmlich auf dem Gebiete der "großen Stichproben. " Im Bereiche der "technischen Statistik", d.h. vornehmlich auf dem Gebiete der "kleinen Stichproben", hatten sich vor allem Prof. U. Graf, zusammen mit H.J. Henning dieser Aufgabe verschrieben. Der Weiterführung dieser Aufgabe widmen sich Dr.-Ing. Helmar Strauch und Dr. Gustav Wagner.

In der Industrie kommt die statistische Methode im Bereiche der betrieblichen Arbeitswissenschaft allmählich zum Durchbruch. Im Gegensatz zu den anglo-amerikanischen Ländern wurden in Deutschland die statistischen Prüfungs- und Überwachungsmethoden vernachlässigt. Es wurde nicht erkannt, welchen Kostenvorsprung diese neuen Verfahren bedeuten.

Die Probleme, die sich auf das Neuland der technischen Statistik beziehen, finden in dem Begriff der "statistischen Qualitätskontrolle" einen Ausdruck, der den Schwerpunkt darstellt.

In Deutschland haben wir einen Vorläufer dieser statistischen Verfahren bereits seit dem Jahre 1922: die " Großzahl-Forschung " von K. Daeves . Analytische Untersuchungen folgten unter dem Begriffe "Fabrikationskontrolle" nach. Die Vereinfachung dieser Verfahren und ihren Ausbau zu einer Überwachung der laufenden Produktion im Rahmen eines geschlossenen Überwachungssystems, in dem die "Statistische Fabrikationsüberw a c h u n g " das Kernstück darstellt, verdanken wir den Angelsachsen. Sie entwickelten ein entscheidendes Instrument der Betriebs- und Geschäftsführung, die dirigierend, planend und gestaltend den gesamtbetrieblichen Arbeitsvollzug zu steuern hat. In manchen amerikanischen Unternehmungen finden wir heute für Information und Beratung eine eigens dafür geschaffene Qualitätsüberwachungsabteilung; der Übergang zur Serienfabrikation und die Möglichkeit der Operation mit kleinen Stichproben spielt hierbei eine wesentliche Rolle.

Die Ziele der Fabrikationsüberwachung, d.h. Verringerung der Produktionskosten und Verbesserung der Qualität der Produkte, werden besonders von Mittelbetrieben angestrebt, da diese nicht auf der Mengen-Ebene kämpfen können.

In der anglo-amerikanischen Literatur werden die vorgeführten Probleme in zahlreichen Publikationen behandelt. Die deutsche Literatur über diesen Fragenkomplex ist noch gering; ferner richtet sie sich auch mehr auf den Ingenieur aus, d.h. für die Fachleute der oberen Ebene im Betrieb. Für die Ausbildung der mittleren und unteren Führungskräfte, die bei uns noch größtenteils fehlen, wird diese Abhandlung, der vom "Belgischen Komitee für wissenschaftliche Betriebsführung" ein erster Preis zuerkannt worden ist, eine nützliche Einführung darstellen. Vorliegende Arbeit wurde von mir durch eine Zusammenstellung der Kurzzeichen und ein Sachverzeichnis für den praktischen Gebrauch ergänzt. Die hinzugefügten Literaturhinweise sollen die Verbindung mit den bisher erschienenen Büchern, Tabellen, Broschüren und Zeitschriften, soweit sie mir bekannt waren, herstellen.

Sehr erfreulich für den Leser wird die Nachricht sein, daß sich der ehemalige "Ausschuß für Technische Statistik" beim AWF in eine "Arbeitsgemeinschaft für Qualitätskontrolle" umgewandelt hat und alle Interessenten in seine Reihen zur Mitarbeit einlädt (Frankfurt/Main, Rossertstraße 15). Dem Gedankenaustausch unter den Mitgliedern dient eine eigene Zeitschrift, die den Namen "Qualitätskontrolle, Ablauf- und Planungsforschung" trägt. Abschließend möchte ich Herrn Dr.-Ing. Helmar Strauch für die Mühe danken, die er sich in Verbindung mit der Durchsicht meines Manuskriptes gemacht hat. Für die Hilfe beim Lesen der Korrektur bin ich ferner Herrn Karl-Heinz Strosing zu Dank verpflichtet.

Freiburg i./Br., Frühjahr 1958                    H e i n z   K ö t h

# Inhaltsverzeichnis

Sechster Teil

**Einige psychologische Aspekte der Stichprobenkontrolle** . . . . . . 153

# Erster Teil

# Statistik und Stichprobe

## 1. Was ist Statistik?

Der Begriff "Statistik" ist noch verhältnismäßig jung. Zum ersten Male wurde er im 17. Jahrhundert von deutschen Professoren der Kameralistik (d. h. der Staatswissenschaften) verwandt. Conring, einer der bedeutendsten dieser Zeitepoche, kennzeichnete mit dem Wort "statistica" eine Disziplin, welche all die Auskünfte erteilt, die den Staat interessieren. Damals war die Statistik ein Wissensgebiet, das von den zukünftigen Staatsmännern studiert werden mußte: eine Art politische, wirtschaftliche und soziale Geographie. Das erklärt übrigens das Wort "Statistik", das vom lateinischen "status" kommt, das seinerseits wieder eine doppelte Bedeutung aufweist: der Staat oder der Zustand. Früher deckte sich dieser Begriff voll mit dieser Disziplin, denn die Statistik war in gewisser Weise der Zustand des Staates oder, wie man es auch bezeichnen konnte, die Beschreibung des Staates. Die Statistik wurde damals noch nicht mit Hilfe von Zahlen durchgeführt; man verwandte Einschätzungen, wie: viel, wenig, gewisse usw. Die numerische Seite der Statistik entwickelte der Däne Ancherson. Trotz der lebhaften Opposition der Professoren der Universitäts-statistik setzte er sich durch und heute drückt sich die Statistik fast nur noch in Zahlen aus.

In seinem Werk " Sur l'homme et le dévelopement de ses facultés " ou " Essai de physique sociale" (1835) wollte der berühmte belgische Astronom Quetelet, den man als den Vorläufer der modernen Statistik ansehen kann, daß die Statistik zu einer exakten Sozial-Wissenschaft würde, die das soziale Leben in seiner Gesamtheit wiederzugeben vermöge; ihre Methode sollte die Beobachtung und die Berechnung sein. Aber hierfür müßten alle sozialen Phänomene bekannt und in Ziffern ausdrückbar sein; das ist aber nicht der Fall. Die von Quetelet gewünschte Synthese ist daher undurchführbar.

Was ist nun die moderne Statistik?

Wir haben gesehen, daß sie nicht mehr die Wissenschaft vom Staate ist, auch nicht die exakte Sozialwissenschaft. Die moderne Statistik ist vielmehr eine Methode des Nachforschens, die auf allen Gebieten angewendet werden kann; aber sie ist nur ein Forschungsmittel. Die heutige Statistik kann definiert wer-

den als "die Gesamtheit von Methoden, die auf das zahlenmäßige Studium
von Massenphänomenen oder von Gesamtheiten von Zahlenfakten anwendbar
sind, was auch immer die Natur dieser Fakten sei " (1). Sie fußt nicht auf
einer einzelnen in Zeit oder Raum liegenden Tatsache, wie das bei der histo-
rischen Beobachtung der Fall ist, sondern hat im Gegensatz hierzu die Untersuchung und Beobachtung von Massen zum Ziele.
Die Gesamtheit der statistischen Methoden kann man in zwei Kategorien ein-
teilen; in:

1) Methoden, die der Verarbeitung der Daten dienen, und

2) Methoden, die der Auslegung der erhaltenen Ergebnisse dienen, um die
darin enthaltenen Informationen voll ausschöpfen zu können.

Die Methoden zur Verarbeitung statistischer Daten können ihrerseits wieder in
zwei wesentliche Kategorien unterteilt werden:

a) die direkten Methoden, die zwei Hauptformen enthalten:
die Aufzählung oder Zusammenstellung für einen ganz bestimmten Tag und
die fortlaufende Aufstellung der Bewegungen und Veränderungen, die bei den
Einheiten der Gesamtheit während einer bestimmten Periode festgestellt werden.
b) die indirekten Methoden: die Schätzungen und die Sondierungen.
Die Stichprobenmethoden werden unter die Sondierungen eingereiht. Wir wollen hier anmerken, daß die meisten Verarbeitungsmethoden ihre eigenen Auslegungsmethoden besitzen.
Die Stichprobe ist also eine indirekte Verarbeitungsmethode, die ihre eigenen
Auslegungsmethoden besitzt.

Diese letztgenannten neueren Methoden ermöglichen unter anderem, mit Hilfe
von sehr wenigen Proben ein Urteil zu bilden. Die oberflächliche Betrachtung
statistischer Tafeln reicht aus, um festzustellen, daß sie meist für Proben mit
zwischen 5 und 10 Beobachtungen berechnet sind. Man sieht sofort die unge-
heure Bedeutung, die solche Methoden für die Industrie haben; besonders für
alles, was mit der Qualität der Produkte zusammenhängt.

Dank dieser wissenschaftlich festgelegten Methoden braucht nur noch in ganz
besonders gelagerten Fällen eine 100%ige Kontrolle der Produkte durchgeführt
zu werden. Da die Vollkontrolle sehr kostspielig ist, ermöglicht die statistische
Fabrikationsüberwachung große Einsparungen. Diese Methoden können außerdem nicht nur auf die Massenfabrikation, sondern auch auf die Produktion kleiner Serien angewendet werden; hier liegt der Grund für das große Interesse, das
die Industrie diesen Methoden entgegenbringt.

---

1) M. Huber: Regles générales de la technique statistique. Cycle Cégos. 1942.

## 2. Wodurch unterscheidet sich die Stichprobe von anderen Methoden?

Nehmen wir einmal an, ein Unternehmer nimmt sich vor, die Anzahl oder den Prozentsatz der fehlerhaften Teile, die in seinem Betrieb hergestellt werden, festzustellen. Um dieses Problem lösen zu können, wird er zwischen den verschiedenen eben aufgezählten Methoden wählen müssen:

a) D i e  Z u s a m m e n s t e l l u n g  aller zu einem bestimmten Zeitpunkt in seinem Betrieb hergestellten Teile oder die f o r t l a u f e n d e  A u f s t e l l u n g aller dieser Teile. Sind diese Teile einmal zahlenmäßig erfasst, dann wird der Unternehmer sie in fehlerhafte und nichtfehlerhafte Teile aufteilen. Dieses Verfahren, das in der Theorie ein genaues Ergebnis liefern müßte, wirft in der Praxis nur sehr selten gute Ergebnisse ab, außer dann, wenn der Unternehmer zur Durchführung der Aufteilung automatische Maschinen einsetzen kann. Die Aufteilung oder 100%-Kontrolle ist tatsächlich eine außerordentlich langwierige, ermüdende und monotone Arbeit. Je länger, ermüdender und eintöniger eine Arbeit aber ist, desto eher begeht der Arbeiter Fehler. Weitere Nachteile kommen hinzu und lassen diese Methoden in den meisten Fällen als ungeeignet erscheinen. Eine solche Vollkontrolle aller Produkte erfordert ein Heer von Prüfern; ferner muß man sich davon überzeugen, daß jeder dieser Prüfer die Produkte auf dieselbe Weise prüft. Diese Arbeit ist aber sehr kostspielig und die Belastung für den Unternehmer sehr erheblich.

Im allgemeinen werden die für einen bestimmten Zeitpunkt vorgenommene Zusammenstellung und die fortlaufende Aufstellung (Zählung) in der Industrie wenig angewendet. Zur Ermittlung des Prozentsatzes der fehlerhaften Teile wird der Unternehmer deshalb eine indirekte Methode zu Hilfe nehmen.

b) D i e  M e t h o d e  d e r  S c h ä t z u n g . Sie ist sehr alt. In Ermangelung einer vollständigen Zusammenstellung hatte man früher die Gewohnheit, die Bevölkerung von Ländern nach der Anzahl der "Feuer" oder Herde zu schätzen ; in China und Indien ist das heute noch der Fall. Wegen ihrer mangelnden Genauigkeit läßt sich diese Methode in der Industrie nur begrenzt anwenden.

c) D i e  S o n d i e r u n g e n . Die Methoden der Sondierung haben den Vorteil, sehr wirtschaftlich zu sein, und gestatten in den meisten Fällen, eine 100%-Kontrolle zu vermeiden. Die älteste ist die REPRÄSENTATIVE METHODE. Wie ihr Name aussagt, hat sie sich das Erkennen einer Gesamtheit zum Ziele gesetzt, nachdem lediglich ein Teil dieser Gesamtheit untersucht wurde. Wie wir später sehen werden, ist die Stichprobe ein Sonderfall hiervon; aber sie ist vollkommener als die repräsentative Methode. Bei zahlreichen Sitzungen des "Internationalen Instituts für Statistik" (Bern 1895, St. Petersburg 1897, Budapest 1899, Berlin 1903 usw.) stand diese letztgenannte Methode auf der Tagesordnung. Wahrhafte Polemiken entstanden zwischen Anhängern und Gegnern dieser Methode. "Die repräsentative Methode verlangt eine grosse Anzahl von Beobachtungseinheiten, die so verteilt sind, daß die Lage der verschiedenen

Anzeichen so weit wie möglich in demselben Verhältnis vertreten sind, wie
sie in der Gesamtheit vorkommen. " (2) Diese Methode weist also den großen
Vorteil auf, daß eine vollständige Zusammenstellung nicht mehr notwendig
ist  und "eine große Anzahl" von Beobachtungen ausreicht.

Wenn sie der Unternehmer anwendet, wird er bereits eine gewisse Wirtschaftlichkeit realisieren, aber daß die durch diese Methode erzielten Ergebnisse nur
approximativen Wert haben, wird er nicht vergessen dürfen und ferner, daß
gerade wenn sie viele Fragen zu erläutern ermöglicht, sie "nur mit großem
Vorbehalt angewendet werden darf" und schliesslich, "daß es auch Untersuchungen gibt, bei denen sie überhaupt nicht angewendet werden darf". (3)
Die Überprüfung der repräsentativen Methode führt uns direkt zur STICHPRO-
BENMETHODE, dem Gegenstand unserer Untersuchung. Genau wie die repräsentative Methode kann auch die Stichprobe als "eine Methode definiert wer-
den, die einen Schluß auf eine Gesamtheit ermöglicht, - nachdem nur ein
Teil dieser Gesamtheit untersucht wurde". Der Unternehmer wird die Stichprobe, die in diesem Falle einen Vorgang zur Schätzung der Qualität seiner
Produkte darstellt, dadurch anwenden können, daß er lediglich eine bestimmte
Anzahl kontrolliert (4). Die repräsentative Methode erfordert eine große Anzahl von Beobachtungen und weist außerdem große Fehlerrisiken auf, - die
Stichprobenmethoden dagegen erfordern nur eine verhältnismäßig geringe An-
zahl von Beobachtungen und ermöglichen eine Begrenzung der Fehlerrisiken.


d) Der Vollständigkeit halber erwähnen wir noch die Methode der MO-
NOGRAPHIE, die, obgleich sie den statistischen Methoden nicht relevant ist,
trotzdem hier erwähnt werden muß. Die Monographie ist die Beschreibung
eines Einzelfalles, der für die Masse als typisch angesehen wird; dieser Fall
wird in allen möglichen Einzelheiten beschrieben. Die Monographie steht somit
im Gegensatz zur Massenbeobachtung, die ja gerade die Eigentümlichkeit der
statistischen Methode darstellt. Ihr Begründer war Le Play, der im Jahre 1855
sein berühmtes Werk über "Les conditions morales de l'ouvrier européen" veröffentlichte. Es versteht sich von selbst, daß die Monographie nur sehr selten
in der Industrie angewendet werden sollte.

Wenn wir die verschiedenen Methoden, die wir oben mit ihren Eigenschaften
beschrieben haben, zusammenfassen, so erhalten wir:

---

²) Bericht von M. Klaer über die repräsentative Methode bei der 9. Sitzung des Internationalen Instituts für Statistik (Berlin 1903) im „Bulletin de l'Institut international de
Statistique", XIV, 1 von Seite 119 bis 134.

³) Siehe Anmerkung 2.

4) Und nicht die Gesamtheit.

Tabelle 1.

| Methoden | Anzahl der zu be-obachtenden Fälle | Vorteile und Nachteile |
| --- | --- | --- |
| Zusammenstellung oder fortlaufende Aufstellung: | alle | Die Ergebnisse sind im allgemeinen exakt. Die Operation ist sehr langwierig. Die Kosten der Operation sind sehr hoch. |
| Schätzung: | eine große Anzahl | Die Ergebnisse sind subjektiv. Die Fehlerrisiken sind unbegrenzt. Die Operation ist lange. Die Kosten sind hoch. |
| Repräsentative Methode: | eine große Anzahl | Die Ergebnisse sind teilweise genau. Die Fehlerrisiken sind begrenzt, aber unbekannt. Die Operation ist lange. Die Kosten sind hoch. |
| Stichprobe: | eine kleine Anzahl | Die Ergebnisse sind objektiv. Die Fehlerrisiken sind begrenzt und von vorneherein festgelegt. Die Operation ist schnell. Die Kosten sind gering. |
| Monographie: | eine einzige | Die Ergebnisse sind sehr subjektiv. Fehlerrisiken sind unbegrenzt. Die Operation ist schnell. Die Kosten sind gering. |

Der Unternehmer wird demnach alle Vorteile haben, wenn er die Stichprobenmethode wählt, - da er nur eine kleine Anzahl Produkte zu kontrollieren
braucht und ferner die Kontrolloperation kürzer ist und daher weniger kostspielig sein wird. Was die erhaltenen Ergebnisse anbetrifft, so werden sie ob-

jektiv und verhältnismäßig genau sein, d. h. daß der Unternehmer die Fehlerrisiken, die er akzeptieren will, im voraus bestimmen kann; - aber in jedem Falle wird er solche annehmen müssen. Der letztgenannte Punkt verdient einige erklärende Worte, denn hier liegt unserer Ansicht nach das große Interesse an den Stichprobenmethoden.

### 3. Eine ganz besondere Eigenschaft der Stichprobe: die begrenzten Fehlerrisiken

Wir haben gesehen, daß das Prinzip der Stichprobe zu folgendem führt: man sucht auf eine Gesamtheit zu schließen, nachdem man lediglich einen Teil dieser Gesamtheit untersucht hat; - daher verstehen sich Fehlerrisiken von selbst.

Das ist das den Mathematikern und Statistikern wohlbekannte "Urnenproblem". Eine Urne, die eine große Anzahl schwarzer und weißer Kugeln enthält, ist gegeben. Die schwarzen und weißen Kugeln sind der Anzahl nach gleich und mit Ausnahme der Farbe voll identisch. Wenn man nun die Kugeln, eine nach der anderen, aus der Urne entnimmt und sie ihrer Farbe entsprechend klassifiziert, dann wird man offensichtlich feststellen, daß die Anzahl der weißen Kugeln gleich der Anzahl der schwarzen Kugeln ist oder, was auf dasselbe hinausläuft, daß die Anzahl der weißen Kugeln gleich der Hälfte der Gesamtsumme der Kugeln ist. Die Ziehung würde einer Zusammenstellung der insgesamt in der Urne enthaltenen Kugeln gleichkommen.

Wenn man nun anstatt aller in der Urne enthaltenen Kugeln nur eine bestimmte Anzahl entnimmt, welche Chance oder besser, mit welcher Wahrscheinlichkeit können wir dann mit einer Anzahl weißer Kugeln rechnen, die gleich der Anzahl der schwarzen Kugeln ist, - oder auch : mit welcher Wahrscheinlichkeit werden wir eine Anzahl weißer Kugeln vorfinden, die gerade gleich der Hälfte der Gesamtsumme der aus der Urne entnommenen Kugeln ist? - Nun, wir wissen, daß die Wahrscheinlichkeit eines Ereignisses gleich dem Verhältnis der günstigen zu den gleichmöglichen Fällen ist. Im gegebenen Falle ist die Wahrscheinlichkeit, eine weiße Kugel zu ziehen, gleich 1/2. Die ganze Stichprobentheorie ist auf dem Problem der Wahrscheinlichkeit mit mehr oder weniger komplizierten Varianten aufgebaut.

Jeder weiß, daß die Wahrscheinlichkeit, mit der man ein genaues Ergebnis zu erhalten hofft, mit der Anzahl der Beobachtungen oder im Falle der Urne, mit der Anzahl der durchgeführten Entnahmen steigt. Dieses heute als selbstverständlich erscheinende Gesetz  verlangte von Jaques Bernoulli, der dieses Grundtheorem, - das man das Gesetz der großen Zahlen nennt, - aufgestellt hat, 20 Jahre Überlegung. Diese Entdeckung ermöglichte den Übergang zur Berech-

nung der Wahrscheinlichkeit und stellt im Grunde den Schlüssel zur Stichpro -
bentheorie dar.

Wir können das Problem von zwei Seiten anfassen:

a) bei einer gegebenen Urnenmischung sind gewisse Ergebnisse sehr unwahr-
scheinlich. - Das ist die Anwendung des Gesetzes der großen Zahlen.

b) Bei einem gegebenen Ziehungsergebnis sind gewisse Urnenmischungen sehr
wenig wahrscheinlich.

Dieser letztgenannte Punkt stellt die eigentliche Grundlage für die Stichproben
dar. Merken wir uns, daß wir die Ausdrücke "wahrscheinlich" und "unwahr-
scheinlich" verwandt haben. Bei der Stichprobe darf niemals eine gewisse Fehlermöglichkeit bezweifelt werden. (5).

Aber diese Fehlermöglichkeit unterliegt jetzt einer Berechnung und wir suchen
hiervon die Wahrscheinlichkeit. Wenn die Möglichkeit, einen Fehler zu machen, sehr gering ist, dann können wir es für vernünftig halten, diesen Fehler
zu vernachlässigen; - aber wir müssen uns immer daran erinnern, daß er möglich ist, und rechnen demnach immer mit einem gewissen Risiko. Wir werden
daher im Laufe unserer Untersuchung Gelegenheit haben, vom Risiko des Her-
stellers, vom Risiko des Verbrauchers, vom maximalen Risiko, vom minimalen
Risiko, usw. zu sprechen.

Die Existenz dieser Risiken macht die Originalität der Stichprobenmethoden
aus; aber es ist leider auch diese gleiche Existenz von Risiken, die der allgemeinen Verbreitung dieser Methoden in der Industrie schadet. Wenn Herstel-
ler und Käufer den Begriff des Risikos verstehen werden (6), dann werden die
durch die Kontrolle verursachten Ausgaben (7) dank der Stichprobenkontrolle
in einem sehr bedeutenden Maße eingeschränkt werden. Wir haben den Versuch durchgeführt und festgestellt, daß die Kontrollkosten für die Industriegü-
ter je nachdem zwischen 60 und 90 % reduziert werden können, wenn Her-
steller und Käufer mit einem minimalen Risiko von 3 bis 5 % rechnen.

Es ist daher wichtig, diesen Begriff des Risikos bekannt zu machen und zu bewirken, daß man ihn in Europa in gleicher Weise anerkennt, wie man ihn in
den Vereinigten Staaten bereits anzuerkennen beginnt. Erwähnt sei der Fall
einer amerikanischen Glühlampenfabrik, die dieses Problem elegant gelöst
hat: nachdem sie festgestellt hat, daß das Risiko des Verbrauchers 3 % betrug,
lieferte diese Firma ihrer Kundschaft 103 Glühlampen auf jede Bestellung von
100 Lampen ... und berechnete nur 100 !

---

5) Das nennt man „hypothese contraire".

6) Was nicht schwer ist.

7) Sie belaufen sich im Durchschnitt auf 15 % der Herstellungskosten und können in
bestimmten Industrien 50 % erreichen.

Man muß indessen damit rechnen, daß der Begriff des Risikos in Europa mehr Schwierigkeiten haben wird als das in den USA der Fall ist, da der Europäer von Hause aus Rationalist ist. Hervorgerufen durch den Risikobegriff, existiert ferner ein psychologisches Problem, auf das wir im letzten Kapital dieser Untersuchung zurückkommen werden. Für den Augenblick sagen wir einfach, daß die meisten Menschen gewöhnt sind, alle Dinge entweder als wahr oder als unwahr anzusehen. Man sagt z.B., die Sonne scheint, oder sie scheint nicht. Im allgemeinen charakterisiert man den Grad der Sonnenintensität nicht, sondern vereinfacht den Tatbestand, um etwas aussagen zu können. Eine Sache existiert oder sie existiert nicht. Beim Durchführen von Stichproben handelt es sich aber nicht um eine mehr oder weniger exakte Kenntnis, ganz grob ausgedrückt, sondern, - wie M. Jean Stötzel gesagt hat, - es handelt sich um "eine Kenntnisnahme, die mit einer gewissen Annäherung eine gewisse Wahrscheinlichkeit der Wahrheit verwirklicht. - Man ist niemals sicher, daß die angenommene Fehlergrenze nicht überschritten wird. " (8). Aber die Stichprobe hat den enormen Vorteil, daß sie es ermöglicht, die begehbaren Risiken zu schätzen und die Fehlerwahrscheinlichkeit zu berechnen. Die sich aus einer Stichprobe ergebende Erkenntnis ist nur eine wahrscheinliche Kenntnis, aber die Praxis hat uns gezeigt, daß sie vollkommen zufriedenstellend ist.

Jeder Unternehmer, der die Stichprobe anwendet, wird sich daher zwei Fragen stellen müssen:

a) Welche Risiken muß ich annehmen ?
b) Welche Probenanzahl und welchen Probenumfang (9) muß ich wählen, um die Fehlerrisiken nicht zu überschreiten ?

Die Bestimmung dieser Risiken unterscheidet die Stichprobenmethode von der Schätzung, von der repräsentativen Methode oder der Monographie und ruft daher das Hauptinteresse hervor.

Man muß in Betracht ziehen, daß die Unternehmer in den USA während des letzten Krieges schon zu einem solchen Punkt vorgeschritten sind, daß man die Risiken auf ein strenges Minimum begrenzen kann und daß in vielen Fällen der Umfang und die Anzahl der Proben in speziellen Tabellen gegeben werden. Die fortschreitende Stichprobe (10), auf die wir später noch näher eingehen werden, ist unter diesem Gesichtspunkt sehr vorteilhaft, da sie den Umfang der zu kontrollierenden Proben einzuschränken ermöglicht (11). Wir verdanken dies Prof. A. WALD von der Columbia-Universität und wir übertreiben nicht, wenn wir sagen, daß heute die Stichprobe auf dem "Gesetz der

8) Cycle GEGOS, Paris, 1941.

9) D. h. wie viele Elemente bilden die Probe.

10) Folgeprüfung — sequential sampling.

11) D. h. die Anzahl der Elemente, aus der sich jede Probe zusammensetzt.

kleinen Zahl" (12) fußt, wenn man die neuen Methoden, die wir untersuchen
werden, so bezeichnen darf. Dank all dieser Untersuchungen ist die Statistik
im Laufe der letzten Jahre mit riesigen Schritten vorangedrungen, obwohl allerdings noch nicht alle Probleme auf eine zufriedenstellende Weise gelöst
werden konnten. Schließlich muß man bemerken, daß es leider immer einen
bestimmten Rückstand zwischen der Verarbeitung neuer Theorien und ihrer
praktischen Anwendung gibt. Wenn wir durch diese Darstellung zur Entwicklung dieser neuen Begriffe beitragen können, werden wir unser Ziel erreicht
haben.

---

[12] S. h. Anderson, O. N.: Einführung in die Mathematische Statistik, Springer-Verlag,
Wien 1935. Seite 105.

## Zweiter Teil

# Die Stichprobenmethoden und ihre Ziele

### 1. Kurzer historischer Überblick

Man kann sich darüber wundern, daß die statistischen Methoden der Stichprobe erst seit kurzem in der Industrie angewandt werden. Jeder weiß, daß seit der industriellen Revolution die Spezialisierung der Arbeit immer weiter vorangetrieben worden ist und daß in den heutigen Fabriken nahezu alle Arbeit durch Facharbeiter ausgeführt wird. Da die verwendeten Maschinen im allgemeinen sehr kompliziert sind und die Arbeiter immer speziellere Arbeit verrichten müssen, sah man sich zur Errichtung einer Fabrikationsüberwachung und hierfür zur Einrichtung bestimmter Überwachungsstellen gezwungen, wohingegen früher der Meister alleine alle seine Gesellen überwachte. Das Ziel dieser neuen Überwachungsstellen wird sein, daß kein fehlerhaftes Stück von einer Werkstatt in eine andere oder vom Verkäufer zum Käufer gelangt. Man sollte daher meinen, daß die Stichprobenmethoden von Unternehmern oder Forschungsinstituten großer Firmen hätten entdeckt werden müssen. Die notwendigen mathematischen Grundlagen sorgten jedoch dafür, daß die verschiedenen Stichprobentheorien von Mathematikern und Statistikern aufgestellt wurden, die keinerlei praktische Anwendungen in der Industrie beabsichtigten.

Wenn man auch behaupten kann, daß LAPLACE der Vorläufer der mathematischen Statistik ist, so muß jedoch gesagt werden, daß diese erst kürzlich gründlich studiert wurde und die Stichprobentheorien sich insbesondere durch das Zutun angelsächsischer Statistiker entwickelt haben.

Der Bedeutsamkeitstest, d.h. das Maß der Differenz zwischen Beobachtung und Hypothese, wurde 1900 von K. PEARSON wiederentdeckt, obwohl wir diesen bereits HELMERT verdanken. Diese Bedeutsamkeitsteste sind eine der Grundlagen der Stichprobentheorien (13). Interessant ist es, festzustellen, daß die Arbeiten von K. PEARSON und seiner Schule als Ausgangspunkt für statistische Forschungen auf dem Gebiete der Erblichkeit dienten. GOSSET, ein englischer Statistiker, veröffentlichte im Jahr 1908 unter dem Pseudonym "STUDENT" eine Untersuchung über die aleatorischen Verteilungen von Eigenschaften. Ihm fällt das Verdienst zu, diese Methode, die den Vergleich der

---

13) Nähere Einzelheiten siehe im Literaturverzeichnis: speziell: R. A. Fisher; „Statistical methods for research workers", London 1925 (neueste Auflage 1950) und „The design of experiments", London und Edinburgh, neueste Auflage 1951.

20

Mittelwerte kleiner Proben ermöglicht, aufgestellt zu haben. Diese Methode, die von STUDENT als t-Test bezeichnet wird, ging beinahe unbemerkt vorüber. Aufgrund einiger Vervollkommnungen und Vereinfachungen, die ihr R. A. FISHER gab, konnte sie in der Praxis verwendet werden. Während K. PEARSON nur die eigenen Erblichkeitsversuche im Auge hatte, setzten sich die Arbeiten von R. A. FISHER die Auslegung numerischer Ergebnisse von Forschungen über biologische Gesetzmäßigkeiten zum Ziele. Keiner dieser Spezialisten dachte an die Industrie, ihre Arbeiten waren für Biologen, Mikrobiologen und Landwirte bestimmt.

Eine der ersten praktischen Anwendungen (14) der Stichprobe auf die Fabrikations- und Güterkontrolle war von BECKER, PLAUT und RUNGE. Im Jahre 1927 veröffentlichten sie eine Untersuchung über die Brenndauer von Glühlampen.

Diese Spezialisten sahen die Gefahr darin, daß aus zu kleinen Proben Schlüsse gezogen werden könnten. Zur Vermeidung dieser Risiken wurden im Jahre 1930 in den Labors der "Bell Telephone Mfg. Co. " Untersuchungen durchgeführt. Ihre Problemstellung war die folgende: Welchen Umfang sollte man einem Unternehmen bei gegebener Teilnehmerzahl, bei bekannter für die Herstellung der Verbindung notwendiger Zeit, bei bekannter Wähleranzahl, Kabel usw. zugestehen? W. A. SHEWHART, ein Statisiker der Bell Telephone Company, leitete diese Arbeiten und veröffentlichte im Jahre 1931 die Ergebnisse seiner Untersuchungen unter dem Titel "Economic control of quality of manufactured products". Das war der Zeitpunkt, von dem an sich die mathematische Statistik und insbesondere die Stichprobe in der Industrie auszubreiten begann (15). Im Dezember desselben Jahres legte Egon S. PEARSON der Royal Statistical Society zu London eine wichtige Mitteilung über die Kontrolle und Standardisierung der Qualität von Fertigprodukten vor.

Kurz danach, im Jahre 1933, im Anschluss an die Konferenzen des Dr. SHEWHART, gründete die Royal Statistical Society unter Mitwirkung zahlreicher Unternehmer eine industrielle und landwirtschaftliche Forschungsgesellschaft und veröffentlichte im "Journal of the Royal Statistical Society" einen Nach-

---

14) 1922 sprach es Dr. Daeves (Düsseldorf) erstmals aus, daß die Qualitätsschwankungen in den Erzeugnissen der Massenfabrikation im günstigsten Falle den Gesetzmäßigkeiten der Wahrscheinlichkeitslehre unterworfen sind und daß man durch zielbewußte Handhabung dieser Gesetze eine vorzügliche Methode hat, um einen beachtlichen Beitrag zur Steigerung der Wirtschaftlichkeit in der industriellen Fertigung zu leisten. 1924 kam Dr. Shewhart mit seiner „Kontrollkarte" heraus.

15) Die im gleichen Betriebe tätigen H. F. Dodge und H. G. Romig befaßten sich um dieselbe Zeit mit der Abnahmekontrolle auf Grund von Stichproben und schufen die Grundlagen der Methoden zur Beurteilung verschiedener Stichprobenpläne.
Die erste „geschlossene" Darstellung der statistischen Untersuchungsmethoden zur Beurteilung technischer Materien für eine moderne Betriebsführung auf wissenschaftlicher Grundlage und für die rationale Fabrikationskontrolle in deutscher Sprache stammt von E. Kohlweiler. In seinem Werke: „Statistik im Dienste der Technik" München und Berlin 1931 bezeichnet er die Technik als eines der dankbarsten Gebiete für die mathematischen Methoden der Statistik und Wahrscheinlichkeitsrechnung. Die Bewegung der Statistik in den technischen Wissenschaften bezeichnet er als einen Teil einer allgemeinen Bewegung zu ihrer Anwendung in der Qualitätskontrolle und der technisch-industriellen Forschung.

trag, der diese verschiedenen Fragen behandelt. Erst im Verlaufe des letzten Krieges durchforschten die angelsächsischen Wissenschaftler gründlich das weite Gebiet der Stichproben und der Überwachung der Serienfabrikation. Hier muß nun daran erinnert werden, daß der Konflikt von 1939 bis 1945 einen derartigen ökonomisch-technischen Aspekt auswies, wie ihn bisher kein früherer Krieg erreicht hatte. Die Alliierten standen nicht nur unter dem Zwange, viel, sondern auch mit den bestmöglichsten Bedingungen zu produzieren. Universitätsprofessoren, unterstützt von den Spezialisten der größten amerikanischen Firmen, wurden mobilisiert, um Forschungen auf dem Gebiete der Stichproben anzustellen. Regelrechte statistische Trupps machten sich an die Arbeit und fanden eine gewisse Anzahl von Lösungen.

Erwähnen wir endlich die kürzlichen Arbeiten des Prof. A. WALD von der Columbia-Universität, der eine neue Stichprobentechnik, die fortschreitende Stichprobe (16) aufgestellt hat. Diese Methode hat sich als sehr wirtschaftlich und praktisch erwiesen. Wir werden sie später genauer ansehen.

Es würde zu weit führen, wenn wir all die Gelehrten erwähnen wollten, die durch ihre Untersuchungen zur Vervollkommnung der Stichprobenmethoden beigetragen haben.

Eine Tatsache springt uns ins Auge: Unter den Hunderten von Veröffentlichungen, die über dieses für unsere Unternehmer so wichtige Thema erschienen sind, gibt es nur wenige Literatur über Stichproben in französischer oder deutscher Sprache.

Unseres Wissens hat nur M. J. MOTHES eine vertiefte Untersuchung über "die moderne statistische Methode und ihre Anwendung bei der Überwachung der Serienfabrikation" veröffentlicht. Diese Untersuchung wendet sich nur an Mathematiker und wäre für die meisten Unternehmer unzweckmäßig. Seine "moderne Fabrikationskontrolltechnik" kann als Versuch gewertet werden, den Studenten unserer Universitäten eine Art Handbuch zur Verfügung zu stellen. Ähnliches bezweckte A. H. SCHAAFSMA UND F. G. WILLEMZE mit seiner "modernen Qualitätskontrolle". Beide Werke setzen sich jedoch nicht das Ziel, die Hanbhabung der COLUMBIA-STICHPROBENPLÄNE in allen organisatorisch interessierenden Einzelheiten vorzuführen (17). Da es der Zweck dieser Veröffentlichung ist, diese Lücke zu schließen, übergehen wir stillschweigend die mathematischen Grundlagen der Stichprobentheorie und beschäftigen uns nur mit den praktischen Anwendungen, die wir in der Industrie bereits verwirk-

---

16) (sequential sampling)

17) Die deutschsprachigen Veröffentlichungen finden Sie in einem besonders angelegten Literaturverzeichnis auf Seite 161 ff. zusammengestellt. — Ferner haben wir an der jeweiligen Stelle im Text auf die spezielle Literatur verwiesen.

lichen konnten. Wir beabsichtigen übrigens in einer nächsten Veröffentlichung wieder auf die mathematische Seite dieser Frage zurückzukommen (18).

## 2. Die Anwendungsgebiete der Stichprobenmethoden

Die Anwendungsgebiete der Stichprobenmethoden sind zahllos und bei weitem noch nicht vollständig erfaßt. Wir haben schon von den Anwendungsgebieten der Biologie und der landwirtschaftlichen Forschung gesprochen. Erwähnen wir noch die der Medizin, der Pharmazie, der Physik, der Chemie, der Soziologie, der Nationalökonomie, ohne all die Probleme der angewandten Psychologie, wie z. B. Befähigungsteste und Meinungsforschung zu vergessen; letztere sind durch das Gallup-Institut berühmt geworden.

Welches sind nun in dem Bereiche, der uns interessiert, d. h. in der Industrie, die hauptsächlichsten Anwendungsgebiete der Stichprobenmethoden?

Es ist schwierig, auf diese Frage mit einer vollständigen Liste zu antworten, so zahlreich sind die Probleme, die mit Hilfe dieser Methoden gelöst werden können. Wir beschränken uns deshalb auf einige Beispiele.

(A) - Zunächst kann die Stichprobe zur Überwachung und Bestimmung der Qualität dienen. Sie kann angewendet werden:

> a) bei den Produkten verschiedener Lieferanten;
> b) bei den Produkten eines Lieferanten zu ver -
> schiedenen Zeitpunkten;
> c) bei den Produkten während der Fabrikation;
> d) bei den Fertigprodukten, die man an den Kun -
> den liefern will.

(B) - Die Stichprobe dient nicht nur dem Zwecke der Bestimmung der Qualität, sondern auch ihrer Erhöhung und ferner der Aufrechterhaltung dieser Qualität, wenn sie erst einmal als zufriedenstellend beurteilt worden ist.

(C) - Die Stichprobe ermöglicht die Überwachung des Funktionierens der Maschinen, ihrer Abnützung, ihrer Präzision, der Variabilität jeder einzelnen Maschine usw., ebenso der Tätigkeit der Arbeiter.

(D) - Sie ermöglicht, die Fabrikationsprozesse und deren Gleichmäßigkeit zu überwachen.

---

18) Dieser Aufgabe hat sich Herr Dr.-Ing. Strauch unterzogen. Seine Veröffentlichung: Statistische Güteüberwachung; Hanser-Verlag München 1956 — die sich an Prüfingenieure und Prüfmeister wendet, umfaßt eine praktisch orientierte Abhandlung über die Häufigkeitsverteilung, die Kontrollkartenmethode und die wissenschaftlichen Stichprobenpläne. Im Anhang ist die Poissonverteilung vertafelt. — Herr Dipl.-Volkswirt Heinz Köth hat die Aufgabe übernommen, die Beziehungen herauszuarbeiten, die zwischen Qualitätskontrolle und Operations Research (Ablauf- und Planungsforschung) bestehen. Seine Themenstellung: Statistische Entscheidungsprozesse für die Qualitätsgestaltung.

(E) - Sie findet weite Anwendungsbereiche in den technischen Büros und den Forschungslaboratorien, z.B. zur Bestimmung des besten Prototyps, des besten Produkts, für die Substitution von Eigenschaften, für die Probleme der Einfach- und Mehrfach-Korrelation, usw.

(F) - Die Stichprobe kann ferner im Bereiche der Marktanalyse bei Garantien für die Produktqualität große Dienste leisten usw.

Die Stichprobenmethoden und ganz besonders die fortschreitende Stichprobe (Folgeprüfung) sind besonders dann angezeigt, wenn die Kontrolle die Produkte zerstört oder ihre Verwendungsdauer verkürzt (19).

### 3. Die hauptsächlichsten Stichprobenmethoden

Die Stichprobenmethoden teilen sich in zwei große Gruppen auf:

(A) - Die Stichprobenmethoden, die auf Variablen aufgebaut sind (20).

(B) - Die Stichprobenmethoden, die auf den Attributen aufgebaut sind; wobei diese letzte Gruppe ihrerseits wieder in zwei Kategorien unterteilt wird:

  a) die Abnahmestichprobe;

  b) die Kontrollstichprobe.

Um das Dargebotene etwas bequemer zu machen, haben wir diese verschiedenen Methoden in drei unterschiedliche Gruppen unterteilt:

  1) die Abnahmestichprobe;

  2) die Kontrollstichprobe (Zählmethode);

  3) die auf Variablen aufgebaute Stichprobe.

Was bedeuten nun diese Begriffe? -

Eine Stichprobenmethode wird als "auf Variablen aufgebaut" bezeichnet, wenn Meßwerte ausgewiesen und analysiert werden. Zum Beispiel wird man, wenn verschiedene Elemente die zu analysierende Probe bilden, in mm messen. Das Gewicht jeden Elements einer Probe wird man in Gramm angeben, die Härte eines Produkts in Einheiten Rockwell, die Porosität eines Artikels in $cm^3/cm^2$, usw.

Eine Methode wird als "auf Attributen aufgebaut" bezeichnet, wenn man jedem Produkt eine Qualität zuschreibt. In diesem Falle wird ein Produkt als gut oder als schlecht angesprochen. Die Produkte können daher nur in zwei Klassen eingeteilt werden: in die fehlerhaften Produkte und in die nichtfehlerhaften Pro-

---

19) Zum Beispiel: Bei der Lebensdauer elektrischer Glühlampen, bei Zerreißproben, Elastizitätsermittlungen von Materialien usw.

20) Abnahmestichproben an Variablen bleiben hier unberücksichtigt.
S.h.: Graf-Henning: Statistische Methoden bei textilen Untersuchungen. Springer-Verlag, 1952, Seite 237.
Derselbe: Formeln und Tabellen der mathematischen Statistik. Springer-Verlag, 1953, Seite 53.
Ferner: Bowker, A. H. and Goode, H. P.: Sampling inspection by variables. New York, London, 1952.

dukte. Hier einige Beispiele: Garne werden in richtig oder unrichtig gewickel-
te klassifiziert. Ein Rohstoff wird in widerstandsfähigen oder nichtwiderstands-
fähigen eingeteilt, ein Fabrikationsprozess ist innerhalb oder außerhalb der
Vertrauensgrenzen usw. (21).

Obgleich sie auf Attributen aufgebaut ist, ist die Kontrollstichprobe eine Zwi-
schenmethode. Sie steht zwischen der Abnahmestichprobe und der auf Variablen aufgebauten Stichprobe. Aus diesem Grunde haben wir sie besonders klassifiziert. Man zählt in ihrem Falle die beobachteten Tatbestände auf, weshalb
sie auch Zählmethode genannt wird. Man hebt z. B. die Anzahl der in einem
elektrischen Apparat abgelöteten Stellen hervor, die Anzahl der Brüche im Ge-
webe eines Stoffes, die Anzahl der Druckfehler pro Seite, usw. - aber schließlich wird man dem Produkt eine Qualität zuschreiben, da es sich um eine attributive Methode handelt.

## 4. Stichprobenmethoden und verwendbare Parameter

Jede Stichprobenmethode fußt auf der Analyse verschiedener Parameter. Diese
Parameter können z. B. sein:

a) die mittlere Fehlerzahl pro Gegenstand;

b) der Anteil der fehlerhaften Gegenstände in einer Probe;

c) das arithmetische Mittel der für das Produkt gemessenen
   Charakteristiken;

d) die Variablilität der für die hergestellten Gegenstände gemessenen Charakteristiken (mittlere quadratische Abweichung oder Standardabweichung);

e) das Verhältnis von Standardabweichung zu arithmetischem
   Mittel (Variationskoeffizient).

Diese Parameter werden wir im Verlaufe dieser Ausführungen mit kleinen Buchstaben (22), die Methode, die diese Parameter verwendet, mit großen Buchstaben ausweisen (23).

---

21) Wenn man eine attributive Abnahmestichprobe durchführt, werden die nichtfehlerhaften Produkte abgenommen und die fehlerhaften Produkte abgelehnt und dem Lieferanten zurückgeschickt.

22) Z. B.: c' = mittlere Fehleranzahl pro Gegenstand;
          p = Anteil der fehlerhaften Elemente in einer Probe, usw.

23) Z. B.: C' = die Methode, die auf der Fehleranzahl c' pro Gegenstand aufbaut;
          P = die Methode, die auf dem Anteil p der fehlerhaften Elemente in den
              Proben aufbaut usw.

Wir werden hier nacheinander durchsprechen:

a) die auf den Attributen aufgebauten Abnahmestichproben;

b) die auf Attributen aufgebauten Kontrollstichproben; die Methoden: C, C' und P;

c) die auf den Variablen aufgebauten Stichproben; die Methoden XW, X$\sigma$ und XV.

Dritter Teil

# Die auf Attributen
# aufgebauten Stichprobenmethoden

## A. Allgemeines

### 1. Einleitung

Wie wir im vorigen Kapitel gesehen haben, existieren drei große Gruppen von
Stichprobenmethoden:

(a) Die auf der Analyse von Variablen aufgebauten Methoden, - die sich der
(je nach Wertgrad) schwankenden Meßwerte von Charakteristiken bedienen oder
anders ausgedrückt, deren Aufgabe die Messung der kontrollierten Gegenstände ist. - Z. B. ein Durchmesser gemessen in mm.

(b) Die als Zählmethode (Buchführungsmethode) bezeichnete Methode, die die
Tatbestände, wie z. B. die Anzahl der Fadenbrüche auf einem Webstuhl registriert.

(c) Die auf der Analyse von Attributen aufgebauten Methoden. Man schreibt
jedem Produkt eine Qualität zu, - nachdem man zuvor in fehlerhafte und
nichtfehlerhafte Produkte klassifiziert hat. - Zum Beispiel ein widerstandsfä-
higes oder nichtwiderstandsfähiges Garn, - die Qualität eines Produktes außerhalb oder innerhalb der Vertrauensgrenzen, usw. Die auf Attributen aufgebauten Methoden fordern also immer die Klassifizierung der Qualität eines Produktes in zwei Kategorien.

Wenn wir nun unsere Untersuchung mit diesen letztgenannten Methoden beginnen, so deshalb, weil sie für die Industrie von großer Bedeutung sind. Die bereits berechneten Stichprobentafeln können von jedermann, für die meisten zu
kontrollierenden Produkte, mit Nutzen verwendet werden. Wir werden uns auf
diese Art mit verschiedenen Begriffen vertraut machen können, die uns später, wenn wir schwierigere Methoden untersuchen werden, sehr nützlich sein
werden.

### 2. Geschichte

Wir haben bereits gesehen, daß im Verlaufe des letzten Weltkrieges die Stichprobenmethoden - in dem Bestreben, die für die alliierten Armeen bestimm-

27

ten Lieferungen zu kontrollieren, - vervollkommnet worden sind. Die Stichprobenmethode, die wir nun vorführen werden, ist die jüngste. Sie ist erst im Jahre 1948 von FREEMAN, FRIEDMAN, MOSTELLER und WALLIS veröffentlicht worden, obgleich man sie in den Vereinigten Staaten bereits ausgiebig während der letzten Jahre des Krieges verwendet hat. Das war die umfassendste Anwendung einer statistischen Methode in der Industrie. Dieser Anwendung verdanken wir sehr zahlreiche, von amerikanischen Wissenschaftlern berechnete, numerische Tabellen.

Im Februar 1945 beauftragte die amerikanische Admiralität die statistische Forschungsgruppe der Columbia-Universität, die im Jahre 1942 von WARREN WAEVER gegründet worden war, ein Stichprobenhandbuch zusammenzustellen, das die Tabellen, die Grundsätze der Methoden, sowie ihre Verfahrenshandhabung entfalten sollte. Schon im August desselben Jahres wurde die Arbeit aufgegeben. Erst im Jahre 1948 wurde sie wieder aufgenommen und unter dem Titel "SAMPLING INSPECTION" (24) veröffentlicht.

Wir werden also zunächst einige Einzelheiten dieser Abnahmestichprobenmethode vorführen, bevor wir dann zu anderen Methoden übergehen, die wir ebenfalls in der Industrie angewendet haben.

Erinnern wir hier noch einmal daran, daß die Abnahmestichprobe nicht die einzige existierende Methode ist, die auf Attributen aufbaut. Unserer Ansicht nach ist die hier beschriebene Methode diejenige, die mit einem Minimum an mathematischen Kenntnissen auf die größte Mannigfaltigkeit von Produkten angewendet werden kann. (25)

### 3. Ziele und Grenzen der auf Attributen aufgebauten Stichprobenmethoden

In der Industrie sind die Stichprobenmethoden hauptsächlich für die Überwachung der Qualität von Produkten oder die Überwachung des Funktionierens von Maschinen bestimmt.

Die Überwachung der Qualität von Produkten kann angewendet werden bei:

    a) von verschiedenen Lieferanten erhaltenen Produkten;

    b) von (nur) einem Lieferanten zu verschiedenen Zeitpunkten erhaltenen Produkten;

    c) Produkten während der Fabrikation. Diese Halberzeugnisse werden der Stichprobe unterworfen, bevor sie wieder in die "Fabrikationskette" eingereiht werden (26);

    d) den Fertigprodukten, die man an die Kunden abgeben will.

---

24) Mc. Graw-Hill Book Company, New York and London. 1948.
25) In bestimmten Sonderfällen können andere Verfahren größere Vorteile aufweisen.
26) D. h. in die Produktionsabteilungen, die sie weiterverwenden wollen.

28

Wir werden diese Art der Überwachung ABNAHMESTICHPROBE bezeichnen. (Später werden wir auf die Bedeutung dieses Begriffes zurückkommen.)

Die Produkte können der Stichprobe unterworfen werden mit dem Ziel:

    a) der Überwachung der Qualität der Produkte (27);

    b) der Überwachung des Funktionierens von Maschinen;

    c) der Überwachung des Fabrikationsprozesses.

Wir werden diese Art der Überwachung KONTROLLSTICHPROBE benennen.

Die Stichprobe, die wir beschreiben werden, ist vor allem dazu bestimmt, die der Prüfung unterworfenen Produkte abnehmen oder ablehnen zu lassen. Sie ist ein Vorgang, der die Qualität der Produkte zu schätzen ermöglicht, indem man eine bestimmte Anzahl von ihnen prüft (28). Sie ermöglicht ebenso das Funktionieren der Maschinen oder das Fabrikationsverfahren zu überwachen. Diese Methode ist nur auf der Grundlage von Attributen für die Überwachung anwendbar, - d.h. wenn jedes eine Probe bildende Element ganz einfach in "fehlerhafte Elemente" oder in "nichtfehlerhafte Elemente" klassifiziert ist (29).

Bei der Abnahmestichprobe wird die Qualität durch den PROZENTSATZ der in den Produkten enthaltenen FEHLERHAFTEN ELEMENTE bestimmt. Wenn dieser Prozentsatz niedrig ist, wird der Posten als gut angesprochen und abgenommen. Wenn er hoch ist, wird der Posten als schlecht angesprochen und abgelehnt.

## 4. Terminologie

Es erscheint uns nützlich, hier einige für das Verständnis der zu besprechenden Methoden unerläßlichen Termini und Definitionen zu geben.

Wir werden bezeichnen:

"Serie", die Gesamtzahl der während einer bestimmten Zeitspanne hergestellten oder erhaltenen Elemente;

"Posten", ein Teil dieser Serie, wobei dieser Vorgang der Teilung der Serie in Posten ein logischer Vorgang ist, - z.B.: Aufteilen in tägliche Posten, in stündliche Posten, in durch die verbrauchten Rohstoffe bestimmte Posten usw.;

"Probe", ein variabler Teil des Postens, der dem Kontrollvorgang unterworfen wird;

---

27) Um diese Qualität, wenn sie sich als zufriedenstellend erwiesen hat, aufrechtzuerhalten oder wenn sie nicht befriedigt, zu erhöhen.

28) Also nicht die Gesamtheit.

29) Sie ist also nicht für die Kontrolle auf der Grundlage von Variablen, d.h., wenn die Qualität eines jeden Elements genau zu messen ist.

"Element", das Glied einer Probe, eines Postens oder einer Serie. Das Element ist das Objekt, an dem man die Kontrolloperation ausführt. Es wird im allgemeinen durch ein einzelnes Stück verkörpert, was aber nicht zwingend ist.

"Stück", ein Teil eines Elementes;

Der "Umfang" einer Probe, eines Postens, einer Serie ist die Anzahl von Elementen, aus der sich diese Probe, dieser Posten oder diese Serie zusammensetzt.

## 5. Angenommener Plan

Diese Untersuchung beabsichtigt, in erster Linie praktisch zu sein; sie soll den in Unternehmen Tätigen und den Studenten Dienste erweisen. Deshalb werden wir in unserer Darlegung der logischen Anordnung des Stichprobenvorganges so folgen, wie wir das in der Praxis gewöhnt sind.

Die attributive Abnahmestichprobe kann in drei große Arbeitsstufen unterteilt werden:

I. - Die vom Leiter des Stichprobendienstes im Büro vorgeleistete Arbeit, die Aufstellung des Stichprobenplanes.

II. - Die eigentliche Stichprobenoperation, die in der Fabrik von einem Angestellten, - dem Prüfer - durchgeführt wird.

III. - Die in einem Büro durchgeführte Überprüfung und Zusammenstellung der angefallenen Ergebnisse.

# B. Abnahmestichprobe

Wir sahen, daß es zwei Arten von attributiven Stichproben gibt, und zwar: die Abnahmestichprobe und die Kontrollstichprobe.

Wir beginnen unsere Betrachtung deshalb mit der Abnahmestichprobe, weil sie die allgemeinste ist (30). Sodann werden wir zeigen, welche Änderungen anzubringen sind, wenn aus ihnen eine Kontrollstichprobe gemacht werden soll.

Das zu lösende Problem ist das folgende: Gegeben sei ein Posten von Produkten, dessen Qualität unbekannt ist. Soll man nun diesen Posten nach der Kontrolle einer oder mehrerer Proben dieses Postens abnehmen oder ablehnen?

Die Lösung dieses Problems wird gemäß den drei Stufen, die wir im vorigen Abschnitt erwähnt haben, eingeteilt in:

    I. Die Aufstellung des anzuwendenden Stichprobenplanes;

    II. Die eigentliche Operation der Stichprobenprüfung;

    III. Die Überprüfung und Deduktion der erhaltenen Ergebnisse.

## I. Aufstellung eines Stichprobenplanes

### 1. Die Stichprobenpläne

Jede Stichprobe erfordert einen allgemeinen Aktionsplan, den die Amerikaner "a standard procedure" nennen und den wir mit "Stichprobenplan" bezeichnen werden.

Die Wahl des Stichprobenplanes hängt von der vorhergehenden Entscheidung darüber ab, ob:

    a) für ein gegebenes Produkt selbst ein individueller Stichprobenplan entworfen werden soll, oder

    b) ein schon aufgestellter und für das zu kontrollierende Produkt bereits gültiger Stichprobenplan verwendet werden soll.

---

30) S. h. Gustav Wagner: Abnahme mit Stichproben. (Ausschuß für wirtschaftliche Fertigung e. V. Berlin und Frankfurt a. M.); Beuth-Vertrieb GmbH; Berlin W 15 und Köln, 1954 (26 Seiten).
S. f. Helmar Strauch: Statistische Güteüberwachung. Carl Hanser-Verlag München, 1956, Seite 115 ff.
S. f. A. H. Schaafsma und F. G. Willemze: Moderne Qualitätskontrolle. Deutsche Philips GmbH, Hamburg 1956.

Die Stichprobenpläne, die wir hier vorführen werden, sind bereits von der Forschungsgruppe der Columbia-Universität aufgestellt worden und können für fast alle industriellen Produkte verwandt werden. Es versteht sich von selbst, daß, je nach besonderen Umständen, gewisse Einzelheiten dieser Stichprobenpläne abgeändert werden müssen, denn es gibt keine Methode, die für alle Fälle anwendbar wäre. Der rote Faden, dem wir folgen werden, bleibt für die meisten industriellen attributiven Stichprobenkontrollen gültig und anwendbar.

Die Anwendung eines Stichprobenplanes erfordert demnach zwei Entscheidungen:

> a) Wählen und Einrichten der Methoden, die für die Stichproben, die man auszuüben wünscht, zweckmäßig sein werden;

> b) Festlegen der Einrichtung jeder Stichprobe auf diese Methode, indem man die speziellen Umstände, für die der Stichprobenplan benutzt wird, in Betracht zieht.

Es ist offensichtlich, daß wir besonders den ersten Punkt abhandeln und den zweiten beiseite lassen werden, da letzterer sich je nach den der Stichprobenkontrolle unterworfenen Produkten ändert.

Wie wir schon erwähnt haben, wird im allgemeinen die Aufstellung eines Stichprobenplanes vom Leiter des Überwachungsdienstes bewerkstelligt. Wir wollen daher jetzt sehen, was seine Arbeit ist und wie ein Stichprobenplan aufgestellt wird.

## 2. Produktstudie und Wahl eines Elements

### A. Produktstudie

Die erste Aufgabe des Leiters des Stichprobenbüros ist es, eine vertiefte Untersuchung des zu kontrollierenden Produkts vorzunehmen. Es ist besonders wichtig, daß er die angewendeten Fabrikationsvorgänge, die zur Verfügung stehenden Maschinen und wenn möglich die beschäftigten Facharbeiter genau kennt. Es wird empfohlen, daß dieser Statistiker ein Ingenieur sein soll, der schon als Fabrikationschef gearbeitet hat.

Bevor er an die Aufstellung des Stichprobenplanes herangeht, muß er eine Liste der Produkteigenschaften aufstellen, in die er die verschiedenen möglichen Verwendungsarten des Produkts einträgt. Dieser letzte Punkt ist sehr wichtig, denn in vielen Fällen wird er erst die Wahl des Elements ermöglichen.

### B. Wahl des Elements

Es handelt sich jetzt um die Bestimmung des Elements, das man zu prüfen wünscht. Das Element eines Produkts ist ein Glied oder eine Einheit dieses Produkts, was jedoch nicht unbedingt sagen will, daß ein Element aus nur einem

Stück oder einem Teil gebildet wird. Das Element ist der Gegenstand, an dem man eine Kontrolloperation ausübt.

Im allgemeinen stellt die Wahl eines Elements keine Schwierigkeit dar, denn es umfaßt oft nur ein einzelnes Stück. Das Element kann z. B. sein: eine Radio-Röhre, eine Glühbirne, ein Kügelchen eines Kugellagers, eine Fadenspule usw.

Andere Elemente sind indessen schwieriger zu bestimmen. Soll man z. B. in einer Herren-Bekleidungsfabrik den Anzug oder drei verschiedene Elemente, nämlich: Hose, Jacke und Weste, als Element wählen? In der chemischen Industrie und der Textilindustrie stellen viele Produkte keine Einheiten oder natürlichen Teile dar und die Wahl eines Elements ist im allgemeinen mehr oder weniger willkürlich. In diesem Falle gilt ganz allgemein das folgende Prinzip: DIE ELEMENTDEFINITION EINES PRODUKTS WIRD DURCH DIE WEITERE VERWENDUNG DIESES PRODUKTS BESTIMMT. Im Falle der Anzugfabrik wird der Anzug (zusammengesetzt aus drei Teilen) das Element, wenn diese Fabrik nur komplette Anzüge verkauft. Wenn sie jedoch Hosen und Jakken einzeln verkauft, wird man entsprechend zwei Elemente wählen: einmal die Hosen und zum anderen Jacke und Weste. Ähnlich ist es, wenn eine Spinnerei Faden liefert, der verwebt werden soll, dann wird das Element, - da es üblich ist, daß man die Anzahl der Fehler pro Meter mißt, - die Anzahl der Faden-Kilometer sein, die notwendig sind, um daraus einen Meter Stoff zu weben.

Die spätere Verwendung eines Produkts bestimmt auch dann die Definition des Elements, wenn das Produkt aus mehreren Stücken oder verschiedenen Artikeln besteht. Wenn man z. B. Schuhe kontrolliert, wird das Element das Paar Schuhe sein. Wenn man dagegen Strümpfe kontrolliert, dann wird im allgemeinen der Strumpf das Element sein, weil der rechte und linke Strumpf gleich sind und man, selbst wenn eine gewisse Anzahl von der Kontrolle abgelehnt worden ist, immer wieder Paare daraus machen kann.

Hier ist ein Fall, der etwas komplexer ist: Eine Röhrenfabrik sollte normalerweise die Röhre als Element auswählen. Wenn diese Fabrik aber Röhren herstellt, die für Fünf-Röhren-Radioapparate bestimmt sind, dann wird die 5er Röhren-Gruppe das Element werden. Später werden wir sehen (31), daß wenn man eine Röhre als Element wählt und z. B. 5 % der Röhren fehlerhaft sind, - 25 % der 5er Röhren-Gruppen fehlerhaft werden!

Die Verwendung des Produkts bestimmt also im allgemeinen die Wahl des Elements.

[31]) Auf Seite 42 und 43.

# 3. Vorbereitung einer Fehlerliste
## und (wenn notwendig) einer Klassifikation der Fehler

Wenn man das Element eines Produkts gewählt hat, muß man alsbald eine Liste der Fehler, die ein Element enthalten kann, aufstellen und sie wenn das notwendig ist (32) als:

      a) Hauptfehler;

      b) Nebenfehler und

      c) Unregelmäßigkeiten                       kennzeichnen.

Ein Fehler besteht in irgendeiner Abweichung in bezug auf die Forderungen, die man festgelegt hat. Wenn es möglich ist, muß man in Rechnung stellen, daß bestimmte Fehler erst beim Gebrauch und nach einer mehr oder weniger langen Zeit bemerkt werden können.

Ein Fehler ist dann ein HAUPTFEHLER, wenn das Element, das ihn enthält, für die Funktion, für die es bestimmt ist, nicht gebraucht werden kann, ferner wenn das Element überhaupt nicht gebraucht werden kann oder wenn es eine große Wertminderung des Elements hervorruft. - Die Hauptfehler müssen zu 100 % beseitigt werden, wenn das möglich ist.

Ein Fehler ist dann ein NEBENFEHLER, wenn das Element, das ihn enthält, weniger wirksam ist, ferner wenn dieser Fehler die vorgesehene Gebrauchsdauer des Elements vermindert oder wenn er eine kleine Wertminderung des Elements hervorruft.

Die UNREGELMÄSSIGKEIT endlich, berührt den Wert oder die Wirksamkeit oder die Gebrauchsdauer des Elements überhaupt nicht. Die Unregelmäßigkeit ist also nur eine sehr leichte Abweichung hinsichtlich der bestehenden Forderungen z.B. Schönheitsfehler. Sie können in weitgehenderem Maße geduldet werden, als das bei den Nebenfehlern und insbesondere bei den Hauptfehlern der Fall sein kann. Gewisse Autoren bevorzugen es, diese Unregelmäßigkeiten als drittrangige Fehler zu bezeichnen. Unserer Ansicht nach begehen sie da einen psychologischen Fehler. Wir haben festgestellt, daß, wenn wir in der Praxis von drittrangigen Fehlern sprachen, sich der Käufer anspruchsvoller gezeigt hat, als wenn wir von Unregelmäßigkeiten sprachen. Er konnte nicht verstehen, warum wir unsere ganze Kraft auf die Beseitigung der Haupt- und Nebenfehler einsetzten und beschuldigte uns, die "drittrangigen Fehler" vernachlässigt zu haben. Diese schaden aber in keiner Weise dem Gebrauch des Produkts. Es versteht sich daher von selbst, daß man hinsichtlich ihrer Beseitigung bedeutend weniger anspruchsvoll sein darf. Deshalb ziehen wir es also vor, sie "Unregelmäßigkeiten" zu nennen (33). Die Kontrolle der Unregelmäßigkeiten findet

---

32) Das ist in der Industrie oft der Fall.

33) Wir verwenden demnach denselben Begriff (irregularities), wie viele amerikanische Autoren.

man übrigens selten in der Industrie, auch kann man sie nicht meßbar erhalten,
- weshalb wir im Folgenden nur Haupt- und Nebenfehler in Betracht ziehen
wollen.

Der Begriff des Fehlers schließt den Begriff der Toleranz, - auf den wir im
Vorübergehen eingehen wollen, - in sich. Keine industrielle Fabrikation ist
in der Lage mit vollkommener Regelmäßigkeit exakte Dimensionen zu liefern.
Wichtig ist es, z.B. sich zu fragen, welche maximale Abweichung man jeder
dieser Dimensionen des Elements zubilligen darf, ohne daß diese Abweichung
der späteren Verarbeitung oder Verwendung des Elements schaden könnte. Diese maximale Abweichung wird "Toleranz" genannt. Wir weisen auch auf die
Tatsache hin, daß man immer daran interessiert sein sollte, die Toleranz so
groß wie irgend möglich anzunehmen, - weil eine Einschränkung der Toleranzen in allen Fällen zu einer Erhöhung des Selbstkostenpreises führen wird. Wir
haben es hier mit einem Sonderfall zu tun, der jedesmal von neuem durch-
dacht werden muß. Wir konnten in der Praxis feststellen, daß der Käufer im
allgemeinen viel zu enge Toleranzen auferlegen will und seine Forderungen
fast niemals die normalen Fabrikationsbedingungen berücksichtigen. Seltsam
ist es, feststellen zu müssen, daß der Käufer oft Sicherheitsgrenzen fordert, die
er gar nicht notwendig hat und daß diese die Produktions- und Überwachungs-
kosten ganz beträchtlich hochdrücken. Der Leiter des Stichprobenbüros wird
im Einklang mit der technischen Leitung des Unternehmens dem Käufer er-
klären müssen, daß seine Spezifikationen in dieser Hinsicht schlecht sind und
ihm einen Gegenentwurf, der die Toleranzen der Haupt- und Nebenfehler und
der Unregelmäßigkeiten bestimmt, vorlegen. Nachdem man übereingekom-
men ist, wird der Leiter des Stichprobenbüros eine Liste der Fehler und Unregelmäßigkeiten aufstellen. Diese Liste muß klar, ins einzelne gehend und
ausdrücklich (explizit) sein. Alle mit der Überwachung beauftragten Prüfer
müssen in gleicher Weise vorgehen. Über keine Definition eines Fehlers darf
deshalb irgendein Zweifel bestehen. In der Praxis fügt man dieser Liste oft die
Fotos eines jeden Fehlers oder konkrete Beispiele bei. Diese Liste muß ferner
eine bis ins einzelne gehende Beschreibung der Methode, die man zur Kontrolle der Elemente (34) verwenden wird, enthalten; diese Methode muß selbstredend im Hinblick auf die Kontrolle der verschiedenen auf der Liste bezeich-
neten Fehler hin, entwickelt worden sein.

Ein Element wird als FEHLERHAFT bezeichnet, wenn es einen oder mehrere
Fehler enthält. Man sagt, daß es HAUPTFEHLERHAFT ist, wenn es einen oder
mehrere HAUPTFEHLER enthält und, daß es NEBENFEHLERHAFT ist, wenn es
einen oder mehrere Nebenfehler enthält. Wenn ein Element keinen Fehler
enthält, - weder einen Hauptfehler noch einen Nebenfehler, - wird es als NICHT-
FEHLERHAFT bezeichnet. Ebenso bezeichnet man mit NICHTHAUPTFEHLER-

---

<sub>34)</sub> Z. B. auf Dicke, Gewicht, Maß, Widerstand usw.

HAFT und mit NICHTNEBENFEHLERHAFT die Elemente, die keinen Hauptfeh-
fehler beziehungsweise keinen Nebenfehler enthalten.

Alle diese Operationen und Überwachungsmaßnahmen bauen auf den fehlerhaften Elementen und nicht auf den nichtfehlerhaften Elementen auf. Das
aber alleine aus einem praktischen Grunde. Es ist vorteilhafter, wenn man die
fehlerhaften Elemente (anstatt die nichtfehlerhaften) zählt, denn diese sind
nicht so zahlreich. Wir werden deshalb immer von der Anzahl oder dem Prozentsatz der "fehlerhaften Elemente" sprechen.

## 4. Aufstellung der Posten

Ein Posten ist eine Anhäufung von Elementen, von der bestimmte Elemente
in der Form von Proben der Kontrolle unterworfen werden. Die der Kontrolle
unterworfenen Proben werden en bloc abgenommen oder abgelehnt, - was
wiederum zur Abnahme oder Ablehnung des gesamten Postens führt.

Die Aufstellung der Posten umfaßt folgende Punkte:

   A) - den Umfang der Posten;
   B) - die Homogenität der Posten (Einheitlichkeit);
   C) - die Aufteilung der Posten (Unterteilung);
   D) - das Vorlegen der Posten.

Wir werden jetzt diese vier Punkte der Reihe nach besprechen.

Wir haben gesehen, wie man das Element eines Produkts auswählen und wie
man eine Fehlerliste vorbereiten muß. Wir gehen jetzt an die Aufstellung von
Posten, die der Stichprobe unterworfen sind.

### A. Umfang der Posten

Der Begriff "Umfang eines Postens" kennzeichnet die Anzahl Elemente, die
dieser Posten (von dem eine oder mehrere Proben der Kontrolle unterworfen
werden können) enthält.

Der Umfang eines Postens hängt von mehreren Fakten ab. Wir haben von stündlichen und täglichen Posten gesprochen, ferner von Posten, die vom Rohstoff
oder der verwendeten Maschine, usw. bestimmt werden. Da der Posten ein
Teil der in der Fabrikation befindlichen Serie ist, wird jeder Unternehmer den
Umfang wählen, der ihm am besten erscheint.

Die Anweisung, die der Leiter des Stichprobenbüros hinsichtlich der Aufstellung der Posten herausgibt, muß den normalen Umfang der Posten und die um

diesen Umfang herum erlaubten Schwankungen angeben, - d.h. den minimalen und den maximalen Umfang. Man wird beispielsweise haben:

|                    |   |                  |
|--------------------|---|------------------|
| normaler Umfang    | : | 2.500 Elemente   |
| minimaler Umfang   | : | 2.000 Elemente   |
| maximaler Umfang   | : | 3.000 Elemente   |

- was man in der Praxis mit Hilfe folgender Formel ausdrückt:

Umfang des Postens     :     $2.500 \pm 500$

Der normale Umfang sollte so groß wie möglich und die Schwankungen so klein wie möglich sein. Man verkürzt damit die Dauer der Kontrolle und folglich auch ihre Kosten, - denn die Stichprobenpläne, die wir hier vorführen werden, machen für die kleinen Posten die Kontrolle eines größeren Prozentsatzes von Elementen notwendig - wie für die großen Posten.

Wenn man die maximalen und minimalen Schwankungen sehr gering hält, vermindert man damit die Funktionen dieses Prozentsatzes kontrollierter Elemente. Ein Posten mit großem Umfange bietet einen größeren Schutz gegen die Abnahme von Produkten schlechter Qualität wie ein Posten mit kleinem Umfange, - woraus sich für den Abnehmer des Postens ein kleineres Risiko ergibt. Tatsächlich ist die ABSOLUTE Anzahl der Elemente, die man bei Posten mit größerem Umfange kontrollieren muß, größer als bei Posten mit kleinerem Umfange, - jedoch die RELATIVE Anzahl der zu kontrollierenden Elemente ist für die großen Posten kleiner als für die kleinen Posten.

Wenn wir z.B. einen Posten von 1.000 Elementen aufstellen und ihn einer Abnahmestichprobe unterwerfen, bei der wir festsetzen, daß das Qualitäts-Niveau (Q.N.) 3 % ist (was bedeutet, daß 95 % der abgenommenen Posten nicht mehr als höchstens 3 % fehlerhafte Elemente aufweisen darf) und daß der einfache Stichprobentyp mit normaler Kontrolle verwendet werden muß (35), — dann muß die Anzahl der kontrollierten Elemente 115 betragen ( nämlich 11,5 % all der Elemente, die den Posten ausmachen). Verdoppeln wir dagegen den Umfang dieses Postens auf 2.000 Elemente, so wird die Anzahl der kontrollierten Elemente von 115 auf 150 ansteigen, aber der Prozentsatz der kontrollierten Elemente wird von 11,5 auf 7,5 % fallen. Hieraus ergibt sich eine beachtliche Einsparung an Kontrollkosten. Erwähnen wir auch, daß das Risiko, einen Posten abzunehmen, der mehr als 10 % fehlerhafte Elemente enthält (im Falle eines Postens von 1.000 Elementen 7 %) auf 2,5 % abfällt, - wenn man einen Posten von 2.000 Elementen aufstellt.

---

35) In den folgenden Kapiteln werden wir auf die Bedeutung der Begriffe: Qualitäts-Niveau (QN), einfache Stichprobe und normale Kontrolle zurückkommen.

## B. Homogenität der Posten

Man sollte sich immer bemühen, die Posten so HOMOGEN wie irgend möglich aufzustellen. Ein Posten ist dann homogen, wenn er in all seinen Teilen denselben Prozentsatz fehlerhafter Elemente aufweist. Die Schwankungen des Prozentsatzes fehlerhafter Elemente von Teil zu Teil des Postens dürfen nur dem Zufall zuzuschreiben sein.

Man hat dann eine hohe Wahrscheinlichkeit, einen homogenen Posten vorzufinden, wenn sich jeder Posten aus solchen Produkten zusammensetzt, die unter gleichen Bedingungen hergestellt wurden.

Diese zeigt demnach an, daß:

> a) die Produkte aus derselben Quelle stammen (z. B. aus demselben "Posten" Rohstoffe);
>
> b) die Produkte von derselben Produktion sind, nach demselben Schema oder Modell, mit demselben Maschinentyp oder derselben Maschine usw., hergestellt worden sind.
>
> c) die Produkte während derselben Zeiteinheit (z. B. während einer Stunde, eines Tages, usw.) hergestellt worden sind.

Diese Homogenitätsbedingungen sind selten erfüllt. Man müßte im allgemeinen Posten von viel zu geringem Umfange aufstellen. Bei Punkt A) konnten wir aber gerade feststellen, daß der Umfang der Posten der größtmögliche sein sollte. Ist dies aber nicht der Fall, so sind die Kontrollkosten überhöht, weil der Prozentsatz der kontrollierten Elemente in einem kleinen Posten größer ist als der Prozentsatz der kontrollierten Elemente in einem großen Posten.

Es ist daher notwendig, zwischen der Homogenität der Posten und den Kontrollkosten einen Kompromiß zu schließen. Der Posten soll so groß wie möglich sein, -damit die Kontrolloperation wirtschaftlich und das Risiko, einen Posten, der einen großen Prozentsatz fehlerhafter Elemente enthält, abzunehmen, gering sei, - aber andererseits soll der Posten wieder klein genug sein, um dem Prinzip der Homogenität zu genügen. Der zwischen diesen beiden Forderungen liegende Punkt hängt von den Kontrollbedingungen ab.

Wir wollen ein ausgefallenes Beispiel auswählen (36). Wir nehmen an, daß wir zwei Posten eines gleichartigen Gegenstandes haben, die jedoch auf zwei verschiedenen Maschinen hergestellt werden. - Der erste Posten besteht nur aus fehlerhaften Elementen; der zweite Posten enthält kein einziges fehlerhaftes Element; beide Posten haben denselben Umfang. - Wenn man sie nun aber vereinigt - um den Umfang dieser zwei Posten zu vergrößern, - wird man einen einzigen Posten von doppeltem Umfange erhalten, - aber dieser Posten wird

---

36) Sampling Inspection, New York, 1948, Seite 41.

jetzt 50 % fehlerhafte Elemente aufweisen..... und er wird deshalb (gemäß
den Stichprobenprinzipien) in seiner Gesamtheit - en bloc - abgelehnt werden.
Es ist daher sowohl für den Lieferanten als auch für den Kunden vorteilhaft,
wenn die Homogenität dieser beiden Posten getrennt aufrechterhalten wird.
- Der Lieferant wird mit voller Sicherheit einen Posten liefern können anstatt
beide Posten zurückgewiesen zu bekommen. Auf der anderen Seite erhält der
Kunde nur einen Posten, - der aber kein fehlerhaftes Element aufweist.

Zusammenfassend können wir sagen: Wenn die Qualität eines Produktes schlecht
oder sehr variabel ist, dann wird man vorteilhafterweise kleine Posten aufstellen, wenn die Qualität aber gut ist, sollte die Aufstellung großer Posten vorgezogen werden - und das sogar auf Kosten der Homogenität der Posten.


## C. Aufteilung eines Postens

Wenn Betrachtungen wirtschaftlicher Art die Aufstellung großer (nicht gleich-
artiger) Posten notwendig macht, dann sollte man sich um die Aufstellung von
Unterposten mit größerer Homogenität bemühen (37).

Wenn ein Posten in gleichartige Unterposten aufgeteilt ist, dann muß die Abnahme oder Ablehnung immer für den ganzen Posten und nicht für jeden Unter -
posten getrennt erfolgen, denn die Unterteilung eines Postens in Unterposten
dient lediglich dem Zwecke der Information, der Warnung und der Wirtschaftlichkeit. Man kann jedem Unterposten eine bestimmte Gewichtung geben.
(Siehe Seite 67. )


## D. Vorlegen der Posten

Die Posten (und folglich auch die Proben), die man zu kontrollieren wünscht,
können bei der Kontrolle entweder in fester oder beweglicher Form vorgewiesen
werden. Die in fester Form vorgelegten Posten werden FESTE POSTEN, die in
beweglicher Form vorgelegten Posten BEWEGLICHE POSTEN bezeichnet (38).

Im Falle der festen Posten werden alle Elemente "gleichzeitig" der Kontrolle
vorgelegt. Die Elemente der festen Posten sind abgesteckt oder aufgestellt und
alle zur gleichen Zeit zur Kontrolle bereit. Sie müssen alle in gleicher Weise
für den Prüfer zugänglich sein. Jedes Element muß einzeln entnommen werden
können.

Im Falle der beweglichen Posten werden die zu kontrollierenden Elemente "eines
nach dem anderen" oder "in kleinen Gruppen" vorgelegt. Wenn die Elemente
einmal den "Kontrollpunkt" passiert haben, verschwinden sie. Der Prüfer muß

---

37) Jeder Unterposten soll der gleichen Quelle entspringen.

38) Eine andere Bezeichnung hierfür: Stationäre und beweglich fließende Posten.

sie am Kontrollpunkt kontrollieren und kann ein schon kontrolliertes Element nicht noch einmal kontrollieren (39).

Im allgemeinen ist die Kontrolle der festen Posten wirksamer als die Kontrolle der beweglichen Posten, - die Folge sollte sein, daß sie so oft wie irgend möglich angewendet wird.

Die Vorteile der Kontrolle der festen Posten sind:
    a) die Disposition des Postens ist leichter zu kontrollieren;
    b) die Identität (d.h. die Einheit des Postens) kann leichter erhalten oder gewahrt werden;
    c) die aufeinander folgenden Proben des Postens können bei der Kontrolle leichter entnommen werden, - was die Anwendung der fortschreitenden Stichprobe (die wir anschließend vorführen werden) sehr erleichtert (40).
    d) beim Anwenden der Kontrolle der beweglichen Posten kann es vorkommen, daß man einen Posten ablehnt, von dem noch nicht einmal alle Elemente die Produktionsstufe beendet haben, - was anomal erscheinen mag.

Die Kontrolle der festen Posten weist indessen auch Nachteile gegenüber der Kontrolle der beweglichen Posten auf. Manchmal liegen sehr große Anhäufungen von Produkten vor, die den Prüfer daran hindern, alle Elemente zu übersehen, - was Betrügereien begünstigt. Die Kontrolle der festen Posten macht ferner große Kontroll-Räumlichkeiten notwendig; sind diese aber nicht vorhanden, so verwendet man für die Zwischenkontrolle (an Halbfabrikaten) oder auch für die Kontrolle der Teilstücke eines Produkts notgedrungen die Kontrolle der beweglichen Posten.

## 5. Fixierung des Qualitätsniveaus (Q. N.)

Das Element wurde definiert, die Fehlerliste aufgestellt und die Aufstellung der Posten vorgenommen; im folgenden muß für jede Fehlerkategorie (Hauptfehler, Nebenfehler und Unregelmäßigkeiten) ein Qualitätsniveau (Q. N. ) fixiert werden (41).

Das Qualitätsniveau (Q. N. ) ist der Prozentsatz der fehlerhaften Elemente, der sich in einem mit Hilfe der Stichprobe kontrollierten Posten (von Produkten) vorfindet. Dieser Prozentsatz an fehlerhaften Elementen ist die Qualität, die

---

[39] Im Gegensatz zu den festen Posten.

[40] Dieser sehr wirtschaftliche Stichprobentyp ist allerdings nicht leicht zu verwirklichen, wenn man eine Kontrolle der beweglichen Posten durchführt, es sei denn, man hat sehr geübte Prüfer.

[41] Die Columbia-Stichprobenpläne arbeiten mit einer Abnahmewahrscheinlichkeit von 95 %; siehe hierzu die Zeichnung auf Seite 50.

ein Produkt besitzen muss, damit im Maximum ein Posten über 20 (nämlich
5 %) durch die Kontrolle mit Hilfe der Stichprobe abgelehnt wird.

Wenn man z.B. für ein gegebenes Produkt und für eine Fehlerkategorie ein
Qualitätsniveau (Q.N.) von 4 % festsetzt, so soll das heißen, daß 95 % der
Posten, - die nach dem Stichprobenplan ABGENOMMEN werden, - höchstens
4 % fehlerhafte Elemente enthalten werden (42).

In den von der Forschungsgruppe der Columbia-Universität errechneten Stichprobenplänen ist das Risiko, einen Posten ABZULEHNEN, dessen Qualität gleich
dem Q.N. ist, gleich 5 %. Später (wenn wir die Kontrollniveaus studieren
werden) werden wir sehen, welches das Risiko ist, einen Posten abzunehmen,
dessen Prozentsatz fehlerhafter Elemente schlechter als das Q.N. ist. (Siehe
Seite 44.) Für das Q.N. der Stichprobenpläne kann man unter 14 Q.N.-Klas-
sen eine Auswahl treffen; diese werden in Tafel 2 wiedergegeben. Das Q.N.
ist lediglich zur Vereinfachung der Berechnungen in Klassen eingruppiert worden.

Tabelle 2          **Klassen des Qualitätsniveaus (Q.N.)**

(Prozentsatz der fehlerhaften Elemente
oder Ausschußprozentsatz.)

| | | | |
|---|---|---|---|
| von | 0,024 | bis unter | 0,035 |
| | 0,035 | " | 0,06 |
| | 0,06 | " | 0,12 |
| | 0,12 | " | 0,17 |
| | 0,17 | " | 0,22 |
| | 0,22 | " | 0,32 |
| | 0,32 | " | 0,65 |
| | 0,65 | " | 1,2 |
| | 1,2 | " | 2,2 |
| | 2,2 | " | 3,2 |
| | 3,2 | " | 4,4 |
| | 4,4 | " | 5,3 |
| | 5,3 | " | 6,4 |
| | 6,4 | " | 8,5 |

Wenn zwei Fehlerkategorien (Hauptfehler und Nebenfehler) vorgesehen sind,
setzt man im allgemeinen für jede Fehlerkategorie ein Q.N. fest. Das Q.N.
der Hauptfehler liegt in der Tabelle weiter oben als das Q.N. der Nebenfehler, da man fast immer einen größeren Prozentsatz Nebenfehler als Hauptfehler dulden wird. Man wird z.B. haben:

Haupt - Q.N. : 0,10 % fehlerhafte Elemente

Neben - Q.N. : 1,20 % fehlerhafte Elemente

---

42) G. Wagner arbeitet mit dem Begriff der Annahmegrenze ($p_0$ %) und einer Annahme-
wahrscheinlichkeit von 90 %.

Wenn man ein Q. N. festlegt, muß man um einen Ausgleich zwischen der gewünschten und der wirklich realisierten Qualität besorgt sein. Wenn das Q. N. für die besonderen Produktionsbedingungen des Produkts zu hoch ist, dann werden im Verlaufe der Kontrolle eine zu große Anzahl von Posten abgelehnt werden müssen. Wenn dagegen das Q. N. zu niedrig ist, wird man zu viele Produkte schlechter Qualität abnehmen müssen.

Unter einem "hohen" Qualitätsniveau verstehen wir einen kleinen Prozentsatz fehlerhafter Elemente. Je kleiner der Prozentsatz fehlerhafter Elemente ist, desto höher ist das Q. N. Daraus ergibt sich: ein niedriges Q. N. weist einen großen Prozentsatz fehlerhafter Elemente auf. Einer Verringerung des Q. N. entspricht eine entsprechende Erhöhung des zu duldenden Prozentsatzes der fehlerhaften Elemente.

Um das Q. N. fixieren zu können, muß man zunächst die bestmögliche Qualität des Produktes (d. h. den kleinsten Prozentsatz fehlerhafter Elemente), den die Lieferanten liefern können, schätzen (43). Diese Qualität muß unter Berücksichtigung der Produktionsbedingungen des Augenblicks und unter Berücksichtigung des Produktionspreises geschätzt werden. Hierbei baut man auf den früheren Ergebnissen dieses Produkts oder ähnlicher Produkte auf. Später werden wir sehen, wie man schnell ein Q. N. erfaßt, wenn in dieser Hinsicht noch nichts gegeben ist. (Siehe Seite 78.)

Die wichtigsten Faktoren, die die Wahl des Q. N. beeinflussen, sind (44):

a) Durch Fehler verursachte Wertminderung des Produkts. Dieser Punkt ist von erstrangiger Bedeutung. In diesem Falle ist es vorzuziehen, - entsprechend dem wirklichen Prozentsatz fehlerhafter Elemente, der im Produkt enthalten ist, - ein gehobenes Q. N. festzusetzen.

b) Die Fehlerkategorie beeinflußt die Wahl des Q. N. Dieser zweite Punkt ergibt sich aus dem ersteren. Im allgemeinen mindern die Hauptfehler den Wert des Produktes mehr als die Nebenfehler. Deshalb muß das Q. N. für die Hauptfehler höher sein als für die Nebenfehler.

c) Einfluß von fehlerhaften Produkten auf den Produktionsprozeß. Wenn die Fehler in der nachfolgenden Bearbeitung des Produktes wesentliche Störungen hervorrufen, muß das Q. N. hoch sein. Die Anzahl der im Zusammenhang damit sich anhäufenden Elemente spielt eine große Rolle. Greifen wir wieder auf das Beispiel zurück, das im zweiten Paragraphen dieses Kapitels aufgeführt, und dem Buche "Sampling Inspection" ent-

---

43) Der Begriff „Lieferant" wird hier immer seiner weiten Auslegung entsprechend verwendet. Der Lieferant kann ein wirklicher Lieferant sein, ferner eine Produktionsabteilung, die ihre Produkte an andere Produktionsabteilungen liefert, oder auch die Fabrik, die Produkte an ihre Kunden liefert.

44) Nach „Sampling Inspection", Seite 84, New York, 1948.

nommen wurde. Es handelt sich um Radioröhren, von denen 5 % feh -
lerhaft sind. Wenn diese Röhren in Dreiergruppen in einem Radioappa -
rat zusammengestellt worden sind, werden ungefähr 14 % dieser Grup -
pe eine fehlerhafte Röhre erhalten. Wenn die Gruppe aus 5 Röhren (an -
statt aus 3 Röhren) besteht, werden ungefähr 25 % der Gruppen fehler -
haft sein. Hieraus geht hervor, daß, wenn man z. B. im Zusammenhang
Gruppen von 5 aufstellen muß, das Q. N. höher sein muß, wie wenn man
Gruppen von 3 aufstellt.

d) Dringlichkeit der Nachfrage nach Produkten. Wenn man einen dringenden Bedarf nach Produkten hat, und wenn die angebotenen Produkte rar
sind, dann kann das Q. N. niedriger sein. Wenn das Q. N. zu hoch ist,
wird man eine zu große Anzahl ablehnen müssen. Es versteht sich von
selbst, daß man (sobald dies möglich ist) das Q. N. laufend erhöhen
wird.

e) Fehleranzahl und Fehlergattungen, die in die Fehlerliste aufgenommen
wurden. Wenn selbst die unbedeutendsten Fehler mit in Betracht gezogen werden, dann muß das Q. N. ziemlich niedrig sein und umgekehrt.

f) Angebotene Qualität und geforderte Qualität. Wenn die angebotene Qualität viel über der angeforderten liegt, dann kann das Q. N. niedriger
festgesetzt werden, wenn wirtschaftliche Gründe dafür sprechen; d. h.
wenn der Markt diese "zu hohe" Qualität nicht im Preis vergüten will.

g) Erziehung der Lieferanten. In besonderen Fällen ist es angezeigt, ein so
hohes Q. N. festzusetzen, daß es nahezu unmöglich zu erreichen ist. Die
abgelehnten Posten werden in diesem Falle zahlreich sein. Das wird die
Lieferanten (aus Furcht ihre Produkte abgelehnt zu sehen) zur Änderung
ihrer Fabrikationsmethoden zwingen.

Zusammenfassend kann man sagen, daß das Q. N. durch den mittleren Prozentsatz der fehlerhaften Elemente, die im Produkt enthalten sind, bestimmt ist,
unter der Voraussetzung einer Abnahmewahrscheinlichkeit von 95 %.

## 6. Fixierung des Kontrollniveaus (K. N.)

Wenn man einen Stichprobenplan auswählen will, muß man nicht nur das Q. N.,
sondern auch das Kontrollniveau für das Produkt fixieren.

Das Kontrollniveau kennzeichnet den relativen Kontrollbetrag (45), der auf
das Produkt angewendet wird. Es entspricht der Menge, der in einem bestimmten Überwachungsprogramm zu kontrollierenden Elemente. Das Kontrollniveau

---

45) Der relative Kontrollbetrag verkörpert die mittlere Anzahl der kontrollierten
Elemente.

entspricht demnach dem Risiko, einen Posten (von Produkten), deren Qualität schlechter als das Q. N. ist, ABZUNEHMEN.

Wir haben gesehen, daß das Risiko, einen Posten ABZULEHNEN, dessen Qualität genau gleich dem Q. N. ist, 5 % beträgt. Dieses Risiko ist für alle (für die Stichprobenpläne vorgeschlagenen) Kontrollniveaus das gleiche. Das Risiko, einen Posten ABZUNEHMEN, dessen Qualität schlechter ist als das Q. N., variiert dagegen als Funktion des gewählten Kontrollniveaus. Ein hohes Kontrollniveau kündigt verhältnismäßig mehr kontrollierte Elemente an und infolgedessen weniger Risiken, einen Posten abzunehmen, dessen Qualität schlechter als das Q. N. ist.

JE HÖHER DAS KONTROLLNIVEAU IST, DESTO WENIGER RISKIERT MAN, POSTEN SCHLECHTER QUALITÄT ABZUNEHMEN.

Die Stichprobenpläne, die wir hier untersuchen, ermöglichen eine Auswahl zwischen 5 Kontrollniveaus; diese sind von I bis V (in römischen Ziffern) numeriert. Das Niveau III wird als normales Kontrollniveau angesehen; es wird am meisten verwendet. Kontrollniveau I und II zusammengenommen wird als REDUZIERTE KONTROLLE, und Kontrollniveau IV und V zusammen als VERSTÄRKTE KONTROLLE bezeichnet. Wir werden (auf Seite 84) auf diese Dinge zurückkommen. Wir wollen es uns einfach machen und sagen: Der Prüfmeister wählt die normale Kontrolle (III), damit er ein bestimmtes Q. N. erhalten kann. Sie wird solange aufrechterhalten, wie die Qualität nicht auf eine nennenswerte Art variiert. Wenn die Qualität sich beträchtlich verbessert, kann man die Menge der kontrollierten Elemente verringern und kommt so zur reduzierten Kontrolle. Wenn die Qualität des Produktes sich jedoch verschlechtert, geht man zur verstärkten Kontrolle über.

Für die vorgegebene Kontrolle eines Postens und eines festgelegten Stichprobentyps wird der für jedes der Kontrollniveaus erforderliche relative Kontrollbetrag (45) in der folgenden Tabelle ausgewiesen.

Tabelle 3          **Relativer Kontrollbetrag**

den jedes Kontrollniveau erforderlich macht

| Kontrollniveau | Relativer Kontrollbetrag | |
|---|---|---|
| I | 1/2 mal soviel wie Niveau III | Reduzierte |
| II | 3/4 mal soviel wie Niveau III | Kontrolle |
| III | Normalbetrag | |
| IV | 1 1/2 mal soviel wie Niveau III | Verstärkte |
| V | 2 mal soviel wie Niveau III | Kontrolle |

---

45) Der relative Kontrollbetrag verkörpert die mittlere Anzahl der kontrollierten Elemente.

Wenn das Kontrollniveau III z.B. die Kontrolle von 100 Elementen erforderlich macht, dann verlangt das Kontrollniveau I ungefähr 50, das KN II ungefähr 75, das KN IV ungefähr 150 und das KN V ungefähr 200.

Wenn man ein Kontrollniveau wählen will, muß man (zusätzlich zur Variabilität der Qualität der Produkte, von der wir zuvor gesprochen haben) folgende Faktoren berücksichtigen:

a) Das Risiko, das durch die Abnahme von Posten, deren Prozentsatz der fehlerhaften Elemente schlechter als das Q.N. ist, verursacht werden kann. Wenn man ein geringes Risiko eingehen will, dann muß das Kontrollniveau verstärkt werden;

b) Die Verfügbarkeit von Prüfern und die Erleichterungen bei der Produktionskontrolle. Wenn diese letzteren begrenzt sind, muß das Kontrollniveau reduziert (vermindert) werden;

c) Die Kontrollkosten. Wenn die Kontrollkosten hoch sind, wird das Kontrollniveau gewöhnlich reduziert;

d) Der Postenumfang. Der Kontrollbetrag ist, wenn das Produkt mit Hilfe von Proben mit verschiedenem Umfang kontrolliert wird, für die großen Posten im allgemeinen hoch und für die kleinen Posten niedrig. Zwischen den Kontrollkosten und dem Schutz gegen die Abnahme von Posten schlechter Qualität erhält man so einen Ausgleich.

Wenn man Posten mit verschiedenem Umfange hat und denselben Schutz gegen die Abnahme von Posten mit schlechter Qualität zu erhalten wünscht, muß man ungefähr dieselbe Anzahl Elemente kontrollieren (46). Daher nun aber kommt es, daß entsprechend dem Umfange der Posten, der Prozentsatz der kontrollierten Elemente verschieden ist (47). Will man dagegen die "gleichen" Kontrollkosten für Posten mit verschiedenem Umfange aufrechterhalten, so wird man eine dem Umfange der Posten proportionale Anzahl von Elementen kontrollieren müssen.

Je kleiner aber der Posten ist, desto größer ist das Risiko, daß man Posten mit schlechter Qualität abnimmt. Das Kontrollniveau ist im allgemeinen ein Kompromiß zwischen den Kontrollkosten und dem konstanten Schutz gegen die Abnahme von Posten mit schlechter Qualität.

Wenn für ein besonderes Produkt zwei Fehlerkategorien vorhanden sind, dann ist es angezeigt für die Nebenfehler ein niedrigeres Niveau als für die Hauptfehler festzusetzen. Das bedeutet: für die Nebenfehler weniger Kontrolle und

---

46) Der Postumfang spielt hier keine Rolle.

47) Und folglich auch die Kontrollkosten.

folglich auch weniger Schutz gegen die Abnahme von Posten mit schlechter
Qualität als für die Hauptfehler. Dieses Verfahren weist indessen einen sehr
ernsten Nachteil auf: Der Prüfer muß für jede Fehlerkategorie ein verschiede-
nes Kontrollniveau verwenden, -was eine immer wiederkehrende Fehlerquelle
darstellt. Um diese Komplikationen zu vermeiden, zieht man es vor, nur ein
Kontrollniveau pro Produkt aufzustellen und es gleichzeitig für Haupt-und
Nebenfehler zu verwenden. Man wählt jedoch verschiedene Q.N., so wie wir
das im vorigen Paragraphen gesehen haben.

### 7. Wahl des anzuwendenden Stichprobentyps: einfach, doppelt oder fortschreitend

Wir stoßen jetzt auf einen der interessantesten Punkte der Abnahmestichpro-
bentheorie: die Wahl des Stichprobentyps.

Die Abnahmestichprobenpläne enthalten drei Stichprobentypen:

> a) die einfache Stichprobe;
> b) die doppelte Stichprobe;
> c) die fortschreitende Stichprobe.

Im Falle der EINFACHEN Stichprobe wird die Entscheidung - ob ein Posten abzunehmen oder abzulehnen ist, - immer nach der Kontrolle von Elementen
einer einzigen Probe des Postens gefaßt. Im Falle der DOPPELTEN Stichprobe
sind drei Entscheidungen nach der Kontrolle der Elemente der ersten Probe
möglich: die Abnahme, die Ablehnung oder die Entnahme einer zweiten Probe. In allen Fällen wird man aber die Entscheidung über die Abnahme oder
Ablehnung des Postens dann fassen müssen, wenn man die Elemente von höchstens zwei Proben kontrolliert hat. Im Falle der FORTSCHREITENDEN Stichprobe können bevor man die Entscheidung über die Abnahme oder die Ablehnung
des Postens faßt, eine, zwei, drei oder mehr Proben kontrolliert werden, - sie
wird aber immer, und zwar nach der Kontrolle einer begrenzten Anzahl von
Proben (48) gefaßt werden müssen.

In Tabelle 4 sind diese zwei Stichprobentypen einander zahlenmäßig gegen-
übergestellt. Das Q.N. ist in diesem Beispiel ungefähr 3 % (Klasse des Q.N.
= 2, 2 % bis 3, 2 % fehlerhafte Elemente) und das Kontrollniveau III.

---

48) Mit einem Maximum bei 9 für ein bestimmtes Q.N.

## Tabelle 4.

**Beispiel mit drei Stichprobentypen**

| Stichprobentyp | Probe | Proben-Umfang | Kumulierte Proben | | |
|---|---|---|---|---|---|
| | | | Gesamt-Umfang | Abnahme-zahl | Ablehnungs-zahl |
| Einfach | 1. | 150 | 150 | 8 | 9 |
| Doppelt | 1. | 100 | 100 | 5 | 12 |
| | 2. | 200 | 300 | 11 | 12 |
| Fortschrei-tend | 1. | 40 | 40 | 0 | 4 |
| | 2. | 40 | 80 | 2 | 7 |
| | 3. | 40 | 120 | 5 | 9 |
| | 4. | 40 | 160 | 7 | 11 |
| | 5. | 40 | 200 | 9 | 13 |
| | 6. | 40 | 240 | 11 | 15 |
| | 7. | 40 | 280 | 15 | 16 |

Unter "Probenumfang" finden wir die in jeder Probe aufgestellte Anzahl von Elementen. "Der Gesamtumfang der kumulierten Proben" umfaßt die Anzahl Elemente, die in dieser und allen vorhergegangenen Proben enthalten ist. Die "Abnahmezahl" und "Ablehnzahl" sind Zahlen, die dem jeweiligen Stichprobenplan entsprechen.

Ein Posten gilt für eine Fehlerkategorie als abgenommen, wenn nach der Kontrolle einer bestimmten Probe, die Gesamtzahl der gefundenen fehlerhaften Elemente (49) dieser Fehlerkategorie gleich oder kleiner als die Abnahmezahl ist. In gleicher Weise gilt ein Posten für eine Fehlerkategorie als abgelehnt, wenn nach der Kontrolle einer bestimmten Probe, die Summe der gefundenen fehlerhaften Elemente (49) (dieser Fehlerkategorie) gleich oder größer als die Ablehnzahl ist. Wenn die Anzahl der gefundenen fehlerhaften Elemente (50) zwischen der Abnahme- und der Ablehnzahl liegt, dann muß man solange zur Kontrolle einer neuen Probe schreiten, bis der Posten entweder abgenommen oder abgelehnt werden kann.

Die drei Stichprobentypen der Tabelle 4 schematisch dargestellt sehen wie folgt aus:

---

[49] In „dieser" Probe u n d in allen vorhergegangenen.

[50] In „einer" Probe u n d in allen vorhergegangenen.

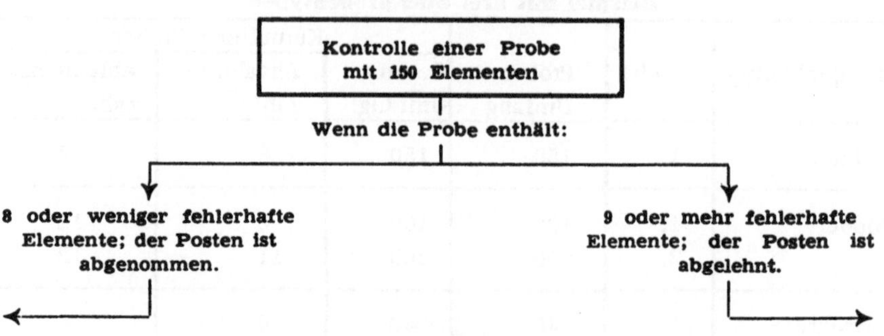


Im Falle der einfachen Stichprobe muß der Beschluß zur Abnahme oder Ablehnung eines Postens immer nach der Kontrolle von Elementen einer einzigen Probe des Postens gefaßt werden.



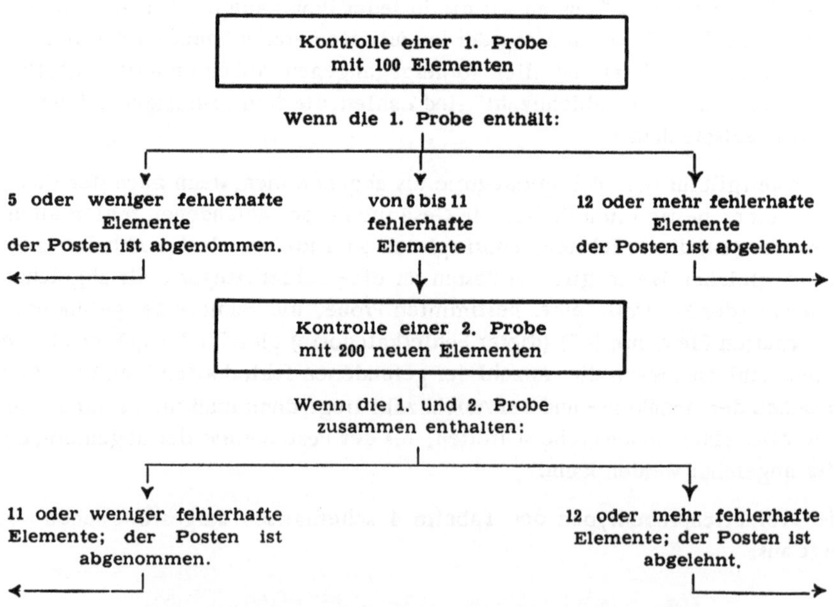


Im Falle der doppelten Stichprobe sind nach der Kontrolle der Elemente der ersten Probe drei Entscheidungen möglich: Abnahme, Ablehnung oder Entnahme einer 2. Probe.

**Beispiel einer fortschreitenden Stichprobe:**

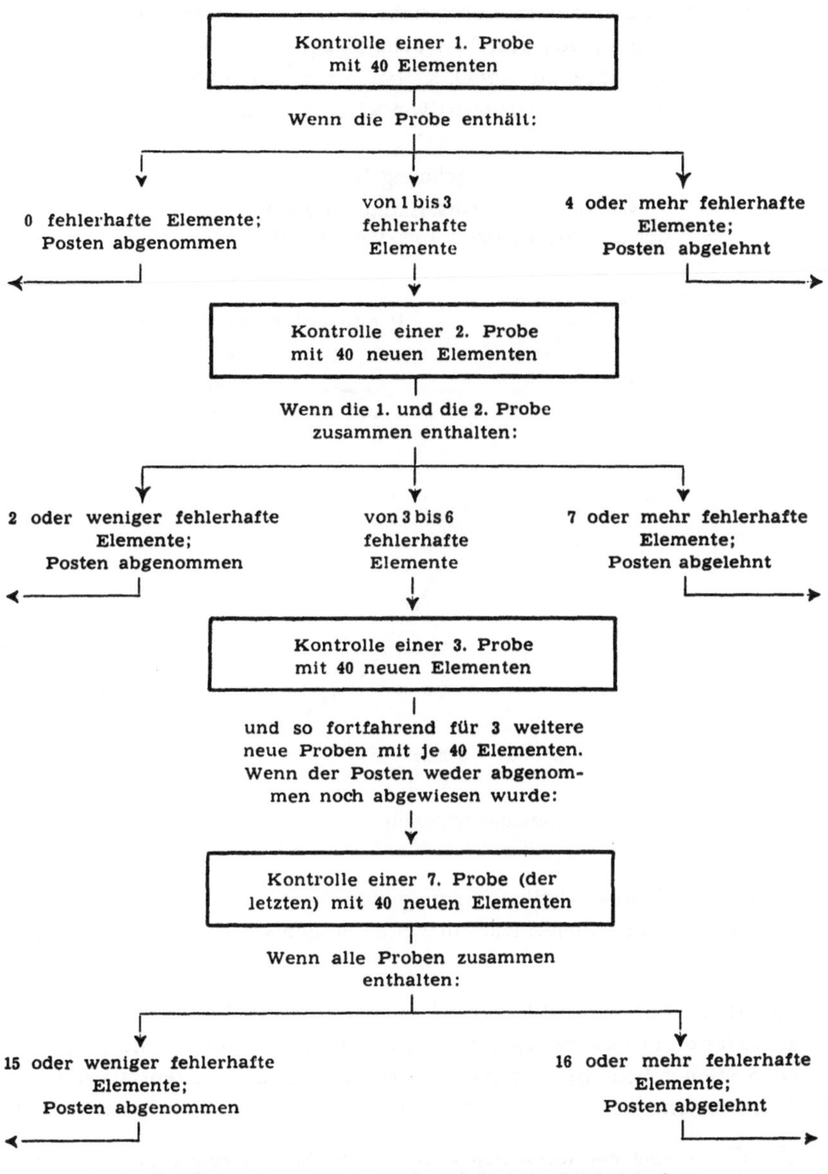


Im Falle der fortschreitenden Stichprobe können eine,
zwei, drei oder mehr Proben vor der Entscheidung -
den Posten anzunehmen oder abzulehnen - kontrolliert
werden.

Alle drei Stichprobentypen (einfach, doppelt und fortschreitend) weisen ungefähr 5 % der Posten, - die 3 % fehlerhafte Elemente enthalten, - zurück;
dieser letztgenannte Prozentsatz entspricht dem Q.N. dieses Beispiels. Ferner
gewähren sie praktisch den gleichen Schutz gegen die Abnahme von Posten,
deren Qualität schlechter als das Q.N. ist, - also schlechter als 3 %. Durch
Vorführung der Operationscharakteristiken wird das deutlich werden (51).

Zeichnung I.

**Operationscharakteristiken (O. C.)**

der drei Stichprobentypen von Tabelle 4.

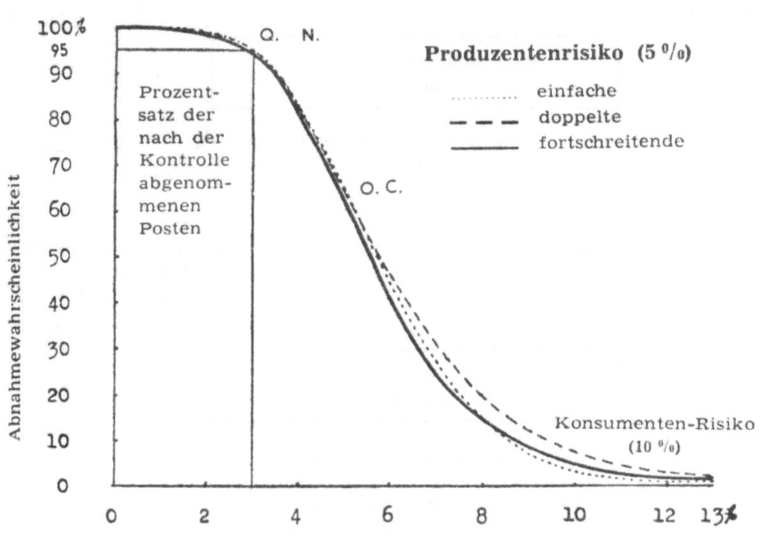


Eine Operations-Charakteristik (O.C.) zeigt den Prozentsatz von Posten an, der
auf der Grundlage eines Planes und eines Stichprobentyps abgenommen werden
wird (52).

Die Operations-Charakteristiken (O. C.) der Zeichnung I zeigen, wie oft man
im Durchschnitt Posten einer vorgegebenen Qualität abnehmen wird (und zwar
für jeden Stichprobentyp). Die Abszissenachse zeigt den Prozentsatz der fehlerhaften Elemente an, der in den der Kontrolle unterworfenen Posten enthal-

---

51) Diese Kurven sind der Kurvensammlung des Buches „Sampling Inspection" von
Freeman, Friedman, Mosteller und Wallis, Copyrighted in 1948, Mc. Graw-Hill, Book
Campany, mit Genehmigung des Verlegers, entnommen.

52) Und zwar für jeden Prozentsatz von fehlerhaften Elementen, der in den der Stich-
probenkontrolle unterworfenen Posten enthalten ist.
S. h. Graf-Henning: Statistische Methoden (a. a. O.) Seite 243 ff.
Derselbe: Formeln und Tabellen (a.a.O.) Seite 55 ff.

ten ist, d. h. die Qualität der Posten. - In unserem Beispiel von 0 bis 13 % fehlerhafte Elemente. Die Ordinatenachse legt den Prozentsatz der Posten fest,
der abgenommen wird, - nachdem die Posten der Stichprobenkontrolle unterworfen werden. Wenn die Posten keine fehlerhaften Elemente enthalten, dann
werden sie alle abgenommen (= 100 % der O.C.). Wenn sie dagegen 13 % fehlerhafte Elemente ausweisen, werden sie alle abgelehnt (= 0 % der O.C.). Die
Operations-Charakteristiken liegen zwischen diesen zwei Extrempunkten. Die
O. C. der fortschreitenden Stichprobe zeigt, z. B., daß man von 100 Posten nur
62 abnimmt, - wenn sie 5 % fehlerhafte Elemente enthalten usw. Die beiden
anderen Kurven zeigen, daß die einfache und doppelte Stichprobe praktisch
dieselbe Anzahl von (der Kontrolle unterworfenen) Posten abnimmt.

Stellen wir diesen wichtigen Punkt noch einmal klar heraus: Alle drei Stichprobentypen haben praktisch identische Operations-Charakteristiken. Die Folge davon ist, daß sie nahezu denselben Schutz gegen die Abnahme von Posten
mit schlechter Qualität bieten (53).

Wenn man diese drei O.C. betrachtet, stellt man fest, daß - bei einem Prozentsatz von 95 % abgenommener Posten, - der Schnittpunkt der O.C. bei
3 % fehlerhaften Elementen liegt. Das ist sehr wichtig, denn dieser Punkt entspricht dem Q.N., -das in unserem Falle bei 3 % gewählt wurde. Ein anderer
interessanter Punkt ist der, dem 10 ´´ der abgenommenen Posten entsprechen.
Dieser Punkt wird KONSUMENTENRISIKO bezeichnet und entspricht dem maximalen Risiko.

Das Studium der Operations-Charakteristiken gestattet uns neue Begriffe einzuführen, nämlich: das Risiko des Produzenten und das Risiko des Verbrauchers.
Das Produzentenrisiko ist eine Zahl, die die Wahrscheinlichkeit der Ablehnung
von Waren mit guter Qualität ausdrückt, - mit der der Produzent rechnen muß.
Dieses Risiko wird hier auf 5 % fixiert und entspricht dem Q.N. Das Konsumentenrisiko ist eine Zahl, die die Wahrscheinlichkeit der Abnahme von Waren mit schlechter Qualität ausdrückt, - mit der der Konsument rechnen muß.
Dieses Risiko wird im allgemeinen auf 10 % festgesetzt (54).

Da wir es als Faktum ansehen müssen, daß das Q. N. für alle Stichprobentypen
dasselbe ist und ihre Operations-Charakteristiken praktisch identisch sind,
müssen wir uns fragen, warum wir überhaupt drei verschiedene Stichprobenty-

---

53) Für ein und dasselbe Q.N. und ein gegebenes Kontrollniveau.

54) A. Bertschinger hat in seiner Untersuchung: „Penser et fabriquer qualité" folgende
Unterscheidungen getroffen: Q.N. des Produzenten und Q.N. des Konsumenten. Das
Produzenten-Q.N. ist eine Zahl, die den Verlust in Prozenten angibt und die eine Qualität
bestimmt, bei der das Produzentenrisiko 5 % ist. (Das Produzenten-Q.N. entspricht also
unserem Begriff des Q.N.) Das Konsumenten-Q.N. ist eine Zahl, die den Verlust in
Prozenten angibt und die Qualität bestimmt, bei der das Konsumentenrisiko 10 % ist.
Um unsere Darlegung zu vereinfachen, haben wir diesen Begriff des Konsumenten-Q.N.
nicht eingeführt; siehe hierzu ferner G. Wagner, a.a.O. 1954, Seite 8 ff.

pen haben? Die Gründe hierfür sind zahlreich. Wir werden einige Revue passieren lassen.

Zunächst wollen wir sagen, daß nicht jeder dieser drei Stichprobentypen speziell für alle Produkte empfohlen werden kann. Jeder Typ besitzt seine Vor- und Nachteile. Die Auswahl wird von der besonderen Situation des Produkts, das man zu kontrollieren wünscht, abhängen. Wir haben schon verschiedene Male darauf hingewiesen, daß der Schutz gegen die Abnahme von Posten mit schlechter Qualität - gleichgültig was für eine Stichprobe aueh ausgewählt wurde - der gleiche ist. Die Wahl des Stichprobentyps wird demnach von anderen Faktoren abhängen:

A) von der Produktqualität;

B) den Kontrollkosten;

C) den Informationen, die man über die Produktqualität zu erhalten wünscht;

D) der Anzahl der pro Posten kontrollierten Elemente;

E) den durch die Verwendung eines Stichprobentyps entstandenen Verwaltungskosten;

F) dem psychologischen Faktor.

## A. Produktqualität

Wenn die Qualität eines Produkts sehr gut ist, wendet man mit Vorteil die fortschreitende Stichprobe an. In der Tat ist es möglich - um auf das Beispiel der Tabelle 4 zurückzukommen - daß nach der Kontrolle einer Probe mit 40 Elementen, die Abnahmezahl erreicht wird und der Posten, ohne Kontrolle der anderen Proben, in seiner Gesamtheit abgenommen wird. Man wird also nur 40 Elemente kontrollieren, - an Stelle von 150 im Falle der einfachen Stichprobe oder 100 im Falle der doppelten Stichprobe. Wenn die Qualität eines Produktes sehr schlecht ist, wird (bei Verwendung der fortschreitenden Stichprobe) ebenfalls der ganze Posten nach der Kontrolle von nur 40 Elementen sofort abgelehnt. Die einfache Stichprobe ist speziell für die Kontrolle von Produkten mit mittlerer Qualität angezeigt. Die doppelte Stichprobe kann als Kompromiß zwischen einfacher und fortschreitender Stichprobe angesehen werden.

## B. Kontrollkosten

Die Kosten der Stichprobenkontrolle sind von zweierlei Art: solche, die von der Wahl der Elemente oder der Aufstellung der Proben herrühren und solche, die von der Kontrolle dieser Elemente und Proben verursacht werden. Diese Kosten hängen oft nur von der mittleren Anzahl der pro Posten ausgewählten und kontrollierten Elemente ab. Es kann aber auch vorkommen, daß sie von der Anzahl der Elemente oder der Proben, - die man pro Posten benötigt - abhängen. Wenn man die Kontrolle der festen Posten anwendet, kann man mit Vorteil die Anzahl der Elemente im voraus festlegen, deren man - für die Aufstellung der für die Abnahme oder Ablehnung des gesamten Postens notwendigen Anzahl von Proben - bedürfen wird. Die Art, wie man die Elemente entnimmt oder die Proben bildet, stellt für die Verwendung des doppelten oder fortschreitenden Stichprobentyps kein Hindernis dar. Wenn man dagegen die Posten sofort in der Fabrikation verwenden soll, muß man ALLE Elemente herausziehen und ALLE Proben, - die man benötigen könnte, - aufstellen. Man wird im allgemeinen viel mehr herausziehen als man benötigt, was jedoch kein großer Nachteil ist, - außer, wenn die Kosten der Auswahl der Elemente hoch sind. In diesem letztgenannten Falle verwendet man vorzugsweise die einfache Stichprobe, weil man nur 150 Elemente - anstatt 300 für die doppelte Stichprobe und 280 für die fortschreitende Stichprobe - entnehmen muß. Merken wir uns an dieser Stelle, daß die MAXIMALE Anzahl von Elementen, - die kontrolliert werden kann, - für die doppelte Stichprobe immer höher ist als für die fortschreitende Stichprobe. Die einfache Stichprobe weist die geringste Anzahl auf.

Wenn man jeweils nur ein Element oder ein paar Elemente kontrolliert, sind die Kontrollkosten für die doppelte und fortschreitende Stichprobe kleiner als für die einfache, - weil im allgemeinen die Anzahl der Elemente (die die Probe verkörpern) für die ersten beiden Stichprobentypen kleiner ist. Die maximale Einsparung ist im allgemeinen für die fortschreitende Stichprobe grösser als für die doppelte. Die fortschreitende Stichprobe ist dann besonders vorteilhaft, wenn die Kontrolle nicht nur von der Anzahl der kontrollierten Elemente, sondern auch von der Anzahl der aufgestellten Proben abhängt. Dies wird z. B. dann der Fall sein, wenn die Kontrolle den gleichzeitigen Transport von großen Elementgruppen erforderlich macht.

Im allgemeinen werden die Kontrollkosten besonders von der mittleren Anzahl der kontrollierten Elemente abhängen, - da die anderen kostenbeeinflussenden Faktoren nur von zweitrangiger Bedeutung sind. Die fortschreitende Stichprobe ist daher viel vorteilhafter als die einfache oder doppelte Stichprobe.


**C. Informationen über die Qualität eines Produkts**

Ein wichtiges Faktum ist die Information über die Qualität des Produktes, die eine Kontrolle liefert. Wie wir später sehen werden, wird im allgemeinen diese Information durch die erste Probe gegeben. Die drei Stichprobentypen haben aber für die erste Probe verschiedene Probenumfänge. Unter diesem Aspekt ist die einfache Stichprobe die genaueste, weil die erste und einzige Probe größer als die ersten Proben der anderen Stichprobentypen ist (55). Die fort-

---

55) Obgleich sie praktisch dieselbe Operations-Charakteristik hat.

schreitende Stichprobe ist weniger genau als die doppelte. Zur Abhilfe kann man mehrere erste Proben von verschiedenen Posten entnehmen.

Die doppelte Stichprobe bietet sich als ein guter Kompromiß an, - weil es wichtig ist, daß über die Qualität eines jeden getrennten Postens eine genaue Information erhalten wird, und weil man gleichzeitig mit dem mittleren Kontrollbetrag und folglich mit den Kontrollkosten pro Posten sparsam umzugehen wünscht.

### D. Anzahl der pro Posten kontrollierten Elemente

1) Mittlere Anzahl der pro Posten kontrollierten Elemente. --- Die mittlere Anzahl der pro Posten kontrollierten Elemente ist für die doppelte Stichprobe beträchtlich kleiner als für die einfache - ferner für die fortschreitende kleiner als für die doppelte. Die mögliche Einsparung hängt von der Qualität des Postens und vom besonderen Plan ab. Für ein Produkt mit hoher Qualität fordert die doppelte Stichprobe im allgemeinen zwischen 1/2 und 1/3 mal weniger als die einfache Stichprobe, - die fortschreitende Stichprobe wiederum zwischen 1/3 und 1/2 mal weniger Kontrolle als die doppelte Stichprobe.

2) Maximale Anzahl von Elementen, die kontrolliert werden kann. --- Die maximale Anzahl von Elementen, die in jedem Posten kontrolliert werden kann, ist für die einfache Stichprobe die kleinste, - für die fortschreitende Stichprobe ein wenig größer - und für den Fall der doppelten Stichprobe am größten.

3) Variabilität der Anzahl der kontrollierten Elemente. --- Wenn die einfache Stichprobe nicht abgekürzt wird (56), bleibt die Anzahl der pro Posten kontrollierten Elemente immer die gleiche. Für die doppelte und fortschreitende Stichprobe dagegen ändert sich die Anzahl der kontrollierten Elemente von Posten zu Posten.

4) Anzahl der kontrollierten Proben. --- Wenn man die einfache Stichprobe verwendet, darf man für die Entscheidung, ob man diesen Posten abnimmt oder ablehnt, nur eine einzige Probe pro Posten kontrollieren; - im Falle der doppelten Stichprobe kann man ein oder zwei Proben kontrollieren; - für die fortschreitende Stichprobe müssen zwischen 1 und 9 Proben kontrolliert werden.

### E. Verwaltungskosten

Unter diesem Gesichtspunkt weisen die fortschreitenden und doppelten Stichproben einen gewissen Nachteil auf. Die Prüfer, die diese zwei Stichproben-

---

<sup>56</sup>) Weiteres siehe hierzu auf Seite 72.

typen durchführen, müssen qualifizierter sein und folglich eine längere und bessere Ausbildung aufweisen als die Prüfer, die die einfache Stichprobe anwenden.

## F. Psychologischer Faktor

Die Lieferanten ziehen gewöhnlich die fortschreitenden und doppelten Stichproben vor, - die ihnen gerechter erscheinen - "weil sie dem Posten, der auf der Grundlage einer ersten Probe nicht abgenommen wurde, eine zweite Chance einräumen". Diese Ansicht ist aber falsch, weil die "Chance" oder Wahrscheinlichkeit der Abnahme eines Postens einzig und alleine von der Qualität und der Operations-Charakteristik dieses Postens und nicht von der Anzahl der der Kontrolle unterworfenen Proben abhängt. Die Praxis hat uns gezeigt, daß dieser psychologische Faktor nicht vernachlässigt werden darf.

Die verschiedenen Faktoren, die die Wahl eines Stichprobentyps beeinflussen (Faktoren, die wir eben aufgezählt haben), sind von der Forschungsgruppe der Columbia-Universität in einer Tabelle zusammengestellt worden. Wir drucken diese Tabelle ab und weisen nachdrücklich auf die Tatsache hin, daß für jedes Produkt alle diese Faktoren in Betracht gezogen werden müßten, unterschiedlich ist lediglich ihre Gewichtung. Die Faktoren der Tabelle 5 sind ungefähr der Reihenfolge ihrer Bedeutung entsprechend klassifiziert.

Wenn wir von diesen verschiedenen Faktoren nur die hauptsächlichsten festhalten wollen (57), können wir sagen, daß besonders drei von ihnen in Betracht gezogen werden müssen:

    a) die Kontrollkosten. Man benützt die doppelte und fortschreitende Stichprobe dann, wenn die Kontrollkosten besonders von der mittleren Anzahl der pro Posten kontrollierten Elemente abhängen. Die einfache Stichprobe führt man dann durch, wenn die Kontrollkosten insbesondere von der maximalen Anzahl der Elemente oder der Proben, - die erforderlich sein können, - abhängen.

    b) Informationen über die Qualität. Die einfache Stichprobe gibt über die Qualität eines jeden Postens mehr Auskunft als die doppelte - und die fortschreitende Stichprobe am wenigsten.

    c) Verwaltungskosten. Die einfache Stichprobe kostet weniger als die doppelte oder die fortschreitende.

    Die Kontrollkosten sind im allgemeinen die wichtigsten, denn die Informationen über die Qualität der Produkte können sich über mehrere Posten kumuliert haben. Die Verwaltungskosten variieren dann nur wenig, wenn die meisten Prüfer in der Lage sind, jeden der drei Stichprobentypen durchzuführen.

---

57) Um eine klarere Gedankenführung zu haben.

**Faktoren, die die Wahl eines Stichprobentyps beeinflussen**

| Faktoren | einfache Stichprobe | doppelte Stichprobe | fortschreitende Stichprobe |
|---|---|---|---|
| Schutz gegen die Ablehnung von Posten mit guter Qualität und die Abnahme von Posten mit schlechter Qualität | In der Praxis kein Unterschied | | |
| Mittlere Anzahl pro Posten kontrollierter Elemente .... | die meisten | mittel | die wenigsten |
| Variabilität der Anzahl der von Posten zu Posten kontrollierten Elemente....... | keine | wenige | wenige |
| Probenanzahl pro Posten ... | eine | zwei | mehrere |
| Maximal mögliche Anzahl der pro Posten kontrollierten Elemente .............. | die wenigsten | mehr | mehr |
| Kosten der Stichprobe, wenn die Proben "je nach Bedarf " entnommen werden können | die teuerste | mittel | die billigste |
| Kosten der Stichprobe, wenn alle Proben " unverzüglich " entnommen werden müssen | die billigste | die teuerste | mittel |
| Schätzung der mittleren Qualität eines Postens. (Wenn die Schätzung auf einer großen Anzahl von Posten aufbaut, dann spielen die Unterschiede von einer Stichprobe zur anderen keine Rolle) ........ | die genaueste | mittel | die ungenaueste |
| Benötigte Ausbildung der Prüfer, die den Stichprobentyp durchführen ........ | leicht | mittel | die schwierigste |
| Psychologische Ansicht: "Hat der Posten mehr Chancen angenommen zu werden?"..... | die schlechtesten | mittel | die besten |

# 8. Konstruktion eines Stichprobenplanes

Nach der Auswahl des Stichprobentyps folgt die Einrichtung der Stichprobenpläne, die die Prüfer anzuwenden haben (58). Es handelt sich jetzt darum, aus
den verschiedenen Tabellen die für die Arbeit der Prüfer notwendigen Zahlen
zu entnehmen. Das folgende Beispiel soll uns die Zusammenhänge näher erläutern:

Die nachfolgenden Daten sollen für unser Produkt bereits bestimmt sein:

| | |
|---|---|
| Q. N. der Hauptfehler | 1 % |
| **Q**. N. der Nebenfehler | 4 % |
| Kontrollniveau | Normal (III) |
| Normaler Umfang eines Postens | $400 \pm 50$ |
| Angewendeter Stichprobentyp | einfach |

Welche Stichprobenpläne genügen nun den obigen Daten?

Es handelt sich um die Konstruktion eines Stichprobenplanes für die Hauptfehler und eines anderen für die Nebenfehler.

Zunächst bestimmen wir den PROBENUMFANGSBUCHSTABEN. Ein Probenumfangsbuchstabe legt mit Hilfe des Postenumfanges den Probenumfang fest (59).

In Tabelle I bemerkt man, daß jedem Postenumfange - FÜR JEDES KONTROLL-
NIVEAU - ein Probenumfangsbuchstabe entspricht. Dieser Probenumfangsbuchstabe wird in Tabelle II zur Gewinnung des gewünschten Stichprobenplanes verwendet. (Vgl. Tabellen im Anhang.)

In unserem Beispiel ist der Postenumfang $400 \pm 50$. Wir suchen demnach in
Tabelle I die Zeile: "Postenumfang" von 300 bis 500. Auf dieser Zeile in der
Spalte: "Kontrollniveau III" finden wir den Buchstaben G (der dem Probenum-
fange entspricht).

Wenn der Probenumfangsbuchstabe bekannt ist, kann man Tabelle II (in drei
Teile aufgeteilt) verwenden:

> Tabelle IIa für die einfache Stichprobe;
> Tabelle IIb für die doppelte Stichprobe;
> Tabelle IIc für die fortschreitende Stichprobe.

Da es sich hier um eine einfache Stichprobe handelt, benützen wir Tabelle IIa:
"Einfache Stichprobenpläne, klassifiziert nach Q. N. und Probenumfangsbuchstabe".

---

58) Es ist die letzte Tätigkeit des Leiters des Stichprobenbüros.
59) Die Verwendung von Buchstaben dient lediglich der Vereinfachung.

In der ersten Spalte der Tabelle IIa finden wir dem Umfange der Proben entsprechend - die verschiedenen Buchstaben. Der dem Buchstaben G entsprechende Probenumfang findet sich in der 2. Spalte der Tabelle IIa, er ist 55 (-d.h., daß die von dem Prüfer zu kontrollierende Probe 55 Elemente umfassen muß). Auf der gleichen Zeile, in der Spalte für das Q.N.: "von 0,65 bis 1,2 %" (in das das Q.N. für die Hauptfehler, nämlich 1 % fällt) finden wir die ABNAHMEZAHL 2 und die ABLEHNZAHL 3. Auf derselben Zeile, in der Spalte für das Q.N.: "von 3,2 bis 4,4 %" (in welches das Q.N. für die Nebenfehler, nämlich 4 % fällt) findet man die Abnahmezahl 4 und die Ablehnzahl 5.

Erinnern wir uns daran, daß die Abnahme- und die Ablehnzahlen auf den jeweiligen Stichprobenplan abgestimmt sind. Ein Posten ist für eine Fehlerkategorie "ABGENOMMEN", wenn nach der Kontrolle einer besonderen Probe die Summe der (in dieser Probe UND in all den vorhergehenden Proben) gefundenen fehlerhaften Elemente dieser Fehlerkategorie gleich oder kleiner als die Abnahmezahl ist, - die dieser Probe entspricht. -Ein Posten wird dann für eine Fehlerkategorie "ABGELEHNT", wenn nach der Kontrolle einer besonderen Probe, die Summe der (in dieser Probe UND in all den vorhergehenden Proben) gefundenen fehlerhaften Elemente dieser Fehlerkategorie gleich oder größer als die Ablehnzahl ist, - die dieser Probe entspricht.

In unserem Beispiel muß der Prüfer nur eine einzige Probe kontrollieren. Wenn er unter den 55 Elementen, die diese Probe ausmachen, 2 oder weniger Elemente mit Hauptfehlern vorfindet, dann wird der ganze Posten, - was die Hauptfehler anbetrifft, - abgenommen. Wenn 3 oder mehr Elemente mit Hauptfehlern gefunden werden, dann wird der ganze Posten abgelehnt. Genau so, wenn der Prüfer nun 4 oder weniger Elemente mit Nebenfehlern vorfindet, dann wird der Posten, - was die Nebenfehler betrifft, - abgenommen; wenn er jedoch 5 oder mehr Elemente mit Nebenfehlern feststellt, dann wird der ganze Posten abgelehnt.

Wenn man einen doppelten oder fortschreitenden Stichprobenplan aufstellen will, verfährt man ebenso, - wendet aber die Tabellen IIb oder IIc an.

Die Tabellen II können gelegentlich Stichprobenpläne anzeigen, die für die Haupt- und Nebenfehler verschiedene Probenumfänge ausweisen. Nehmen wir ein Beispiel an; es sei gegeben:

| | |
|---|---|
| Q.N. der Hauptfehler | 0,15 % |
| Q.N. der Nebenfehler | 0,50 % |
| Kontrollniveau | normal |
| Normalumfang eines Postens | 600 $\pm$ 50 |
| Einfache Stichprobe | |

Für diesen Postenumfang ergibt sich aus Tabelle I der Probenumfangsbuchstabe

H. Für das Q. N. der Hauptfehler, - das 0, 15 % beträgt, - liefert uns Tabelle IIa in der Zeile für den Umfang H weder eine Abnahme- noch eine Ablehn- zahl. Statt diesen Zahlen findet man einen Pfeil, der anzeigt, daß man die für den Buchstaben L - (welcher einem Probenumfange von 300 entspricht) - angegebenen Zahlen anwenden muß. Für das Q. N. der Nebenfehler dagegen, stehen die Abnahme- und Ablehnzahlen unter dem Buchstaben H und entspre- chen einem Probenumfange von 75. In unserem Falle fordert die Tabelle IIa demnach für die Kontrolle der Hauptfehler eine Probe von 300 Elementen, - für die Kontrolle der Nebenfehler aber eine Probe von nur 75 Elementen.

Da diese verschiedenen Probenumfänge die Aufgabe der Prüfer erschweren und ferner Fehler hervorrufen können, nimmt man meistens die folgende Regel an: wenn die Probenumfänge für Haupt- und Nebenfehler nicht gleich sind, dann verwendet man für die Nebenfehler denselben Probenumfang wie für die Hauptfehler.

Im obigen Beispiel werden wir demnach für die Haupt- und Nebenfehler gleich- zeitig den Probenumfang von 300 Elementen verwenden. Selbstredend werden nun auch die Abnahme- und Ablehnzahlen der Nebenfehler für diesen Proben- umfang herausgesucht und angewendet werden müssen.

Die Stichprobenpläne der Tabelle II können auch in der Form einer Tabellen- sammlung dargestellt werden - so wie dies in dem Buche SAMPLING INSPEC- TION geschehen ist. Jede Seite dieser Tabellen-Sammlung enthält - für einen besonderen Probenumfangsbuchstaben und für eine Q. N. -Klasse - die drei Stichprobenpläne. Jede Seite enthält ferner die entsprechende Operations - Charakteristik, was von besonderem Interesse für die Leiter des Stichproben- büros sein dürfte (60).

## 9. Beispiel zur Einrichtung eines Stichprobenplanes

### A. Allgemeines

Um uns voll über die Einrichtung eines Stichprobenplanes verständlich machen zu können, werden wir kurz einen Fall (so wie er in der Industrie vorkommt) beschreiben. Wir haben absichtlich einen sehr einfachen Stichprobenfall aus- gewählt, nämlich DIE KONTROLLE VON GEBRAUCHTEN FADENROLLEN. Es handelt sich um Rollen aus Karton, auf denen der Faden aufgerollt war und den die Kunden, - nachdem sie den Faden verbraucht haben, - wieder in die Fabrik zurückschicken. Wenn die Stichprobenkontrolle die Abnahme der zu- rückgesandten Rollen gestattet, wird der entsprechende Wert dem Kunden gut- geschrieben. Im anderen Falle wird der Kunde die neu zu liefernden Rollen

---

60) Für die Lösung von Sonderfällen liefert sie eine gute Unterlage.

voll bezahlen müssen, da diese nicht mehr gebraucht werden können. Wir versetzen uns in die Lage des Leiters des Stichprobenbüros. Dieser richtet den Stichprobenplan ein, der für die Prüfer bestimmt ist, die mit der Durchführung der Kontrolle der Fadenrollen beauftragt sind.

## B. Produktstudie und Wahl des Elements

1) PRODUKTSTUDIE. Wir beginnen mit der Aufstellung einer Liste der Charakteristiken des Produkts. Diese sieht wie folgt aus:

| Produkt | : | gebrauchte Fadenrollen |
|---|---|---|
| Länge | : | 185 mm |
| Gewicht einer Rolle | : | 4 gr |
| Farbe | : | braun |
| Rolle gemustert. | | |

2) WAHL DES ELEMENTS. Die Wahl des Elements bietet in unserem Falle keine Schwierigkeiten. Jede Rolle muß einzeln auf den Spinnstühlen befestigt werden; das Element ist demnach eine Rolle.

## C. Vorbereitung der Fehlerliste und Wahl der Kontrollmethode

Man muß zwei Fehlerkategorien unterscheiden: Die Hauptfehler, die die Rollen unbrauchbar machen und die Nebenfehler, die den Arbeiterinnen (die mit der Bedienung der Spinnstühle beauftragt sind) eine kleine zusätzliche Arbeit verursachen. Die Hauptfehler sind die folgenden: zerrissene Rollen, zerdrückte Rollen, unten platte Rollen und Rollen mit einer anderen Länge als 185 mm, von einer anderen Farbe oder nicht gemustert. Die Nebenfehler sind der Anzahl nach zwei, nämlich: Rollen mit Fadenresten und oben platte Rollen, Unregelmäßigkeiten sind keine zu kontrollieren.

Jetzt muß die Kontrollmethode bestimmt werden. In diesem sehr einfachen Falle bietet die visuelle Kontrolle (Stichprüfung) die meisten Vorteile, da sie schnell und leicht durchgeführt werden kann.

## D. Aufstellung der Posten

1) UMFANG DER POSTEN. Wir betrachten alle von ein und demselben Kunden zurückgesandten Rollen als Elemente, die einen einzigen Posten darstellen. Diese Art des Vorgehens hat den Vorteil, daß die Identität eines jeden Postens gewahrt bleibt, - weil alle Rollen, die aus derselben Sendung stammen, auch in dem gleichen Posten gruppiert sind. Wenn die von verschiedenen Kunden zurückgesandten Posten indessen sehr verschiedene Umfänge aufweisen, wird man mehrere Stichprobenpläne vorsehen müssen, weil die Posten ungefähr denselben Umfang haben müssen.

60

Den Umfang jedes Postens bestimmt man auf die folgende Art und Weise:Je-
der Posten wird gewogen und sein Gewicht in kg notiert. Wir wissen, daß eine
Rolle 4 gr wiegt; das bedeutet, daß jedes kg 250 Rollen umfaßt. Um den Umfang zu bekommen genügt es, wenn man das Gewicht eines jeden Postens (in
kg) mit 250 multipliziert. - Wenn also die Posten im Durchschnitt 10 kg wie-
gen, so bedeutet dies, daß ihr Umfang 2.500 Rollen beträgt. Dieser mittlere
Umfang von 2.500 ist im Postenumfang von 1.300 bis 3.200 enthalten, (siehe Tabelle I) 1.300 Rollen entsprechen 5,2 kg und 3.200 Rollen 12,8 kg. Man
kann auch schreiben (61):

         Normaler Umfang   :   10,- kg  =   2.500 Rollen
         Minimaler Umfang  :    5,2 kg  =   1.300 Rollen
         Maximaler Umfang  :   12,8 kg  =   3.200 Rollen

2) HOMOGENITÄT DER POSTEN. Sie wird in diesem Beispiel nicht in Betracht
gezogen. Lediglich wenn z.B. gewisse Rollensendungen durch Feuchtigkeit ge-
litten haben, wird man die Homogenität beachten müssen.

3) AUFSTELLUNG DER POSTEN. Wenn ein Kunde in derselben Sendung Rollen
mit verschiedenen Typen zurückschickt, dann muß man den Posten so in Unterposten aufteilen, daß jeder Unterposten sich aus Rollen gleichen Typs zusammensetzt (62).

4) VORLEGEN DER POSTEN. Die Kontrolle der Rollen kann sowohl in der Form
der festen Posten als auch in der Form der beweglichen Posten durchgeführt
werden. In unserem Falle ist die Kontrolle der festen Posten wirksamer, da der
Prüfer so die Proben besser aufstellen und kontrollieren kann.


**E. Fixieren des Qualitätsniveaus (Q.N.)**

Der in jedem Posten erlaubte Prozentsatz fehlerhafter Elemente ist durch Vertrag
für die Hauptfehler auf 2 % und für die Nebenfehler auf 3 % fixiert. 95 % der
auf der Grundlage dieses Stichprobenplanes abgenommenen Posten werden demnach höchstens 2 % Rollen mit Hauptfehlern und höchstens 3 % Rollen mit Ne -
benfehlern enthalten.

Diese vorgegebenen Daten werden in folgender Form zusammengefaßt:

         Q.N. der Hauptfehler      :      2 %
         Q.N. der Nebenfehler      :      3 %

---

⁶¹) N.B. — Solche Abweichungen zwischen dem Normalumfang und den minimalen
und maximalen Umfängen können nur bei Stoffen mit geringen Werten (wie bei Rollen
aus Karton) zugelassen werden. Im allgemeinen gilt die Regel, daß die minimalen und
maximalen Umfänge möglichst genau dem Normalumfange entsprechen müssen (so wie
wir das auf Seite 37 ausgesprochen haben).

⁶²) Siehe das Beispiel auf Seite 67.

**F. Fixieren des Kontrollniveaus**

Da kein wichtiger Grund für die reduzierte oder verstärkte Kontrolle vorliegt, wird das Kontrollniveau der normalen Kontrolle, - nämlich III, - angenommen.

**G. Wahl des anzuwendenden Stichprobentyps**

Wir haben die Auswahl zwischen der einfachen, der doppelten und der fortschreitenden Stichprobe. Die drei Hauptfaktoren, die den Stichprobentyp be - stimmen, sind (63): die Kontrollkosten, die Informationen über die Qualität und die Verwaltungskosten.

Im vorliegenden Falle sind die Kontrollkosten bestimmend, denn eine sehr genaue Information über die Qualität eines jeden Postens ist nicht erforderlich und die Verwaltungskosten sind bei allen 3 Stichprobentypen nahezu konstant. Diese Tatsachen führen dazu, daß man den fortschreitenden Stichprobentyp verwenden muß, - weil dieser die geringsten Kosten verursacht. Jetzt sind wir in der Lage einen Vordruck auszufüllen, der dem Prüfer alle von uns aufgestellten Informationen übermittelt.

Man wird ferner noch den "Augenblick der Kontrolle" vermerken, - d.h., wann der Prüfer den Posten kontrollieren muß (64).

Es wird empfohlen, der Liste der Tabelle 6, konkrete Beispiele der Haupt- und Nebenfehler beizufügen, - besonders dann, wenn die Prüfer zum ersten Male eine Garnrollenkontrolle durchführen.

**H. Konstruktion von Stichprobenplänen**

Wir müssen nun die Stichprobenpläne (die von den Prüfern verwendet werden), konstruieren. Zuerst bestimmen wir den PROBENUMFANGSBUCHSTABEN. Für Posten mit einem Umfange von 2.500 Elementen und einem normalen Kontrollniveau, weist Tabelle I (im Anhang) den Buchstaben J aus. Wir haben beschlossen die fortschreitende Stichprobe anzuwenden und werden uns daher der Tabelle IIc: "Fortschreitende Stichprobenpläne" bedienen. Wir sehen, daß der Prüfer für den dem Buchstaben J entsprechenden Postenumfang 7 Proben benötigen kann, bevor er die Entscheidung über Abnahme oder Ablehnung des ganzen Postens treffen kann. Der Umfang einer jeden Probe muß 40 sein. In der Spalte: Q.N. 1,2 - 2,2 % finden wir für die Hauptfehler die Abnahme- und Ablehnzahlen und in Spalte 2,2 - 3,2 % die entsprechenden Zahlen für die Nebenfehler.

Es bleibt nun nichts mehr zu tun, als diese Ziffern für den Prüfer sauber herauszuschreiben.

---

⁶³) Siehe Seite 55 und 56.

⁶⁴) Im Falle der gebrauchten Garnrollen muß man die Kontrolle beim Empfang der Posten durchführen.

Tabelle 6.

---

**Informationsblatt**

Firma:                                                          Blatt Nr. 112
Datum:                                                          aufgestellt von:

---

Produkt: gebrauchte Garnrollen                    Element: eine Rolle
Merkmal des Produkts:
    Länge:        185 mm          Farbe: braun
    Durchmesser:   -           Aspekt: gemustert
    Gewicht:      4 gr

Kontrollierte Merkmale:
Hauptfehler:    1) zerrissene Rollen
               2) zerdrückte Rollen
               3) unten platte Rollen
               4) Rollen mit einem anderen Umfang, von anderer Farbe
                  oder nicht gemustert

Nebenfehler:    1) Rollen mit Fadenresten
               2) oben platte Rolle
               3) -
               4) -
               5) -

Unregelmäßig - 1) -
keiten:        2) -
               3) -

Kontrollmethode:   Visuelle Kontrolle (Sichtprüfung)

Umfang der Posten: normaler  :  10, - kg, nämlich 2.500 Rollen
                  minimaler :   5,2 kg, nämlich 1.300 Rollen
                  maximaler:  12,8 kg, nämlich 3.200 Rollen

Aufteilung der Posten: 1) -
                     2) -
                     3) -

Vorlegen der Posten: feste Posten

Qualitätsniveau:  Q.N. der Hauptfehler    :     2 %
                Q.N. der Nebenfehler    :     3 %
                Q.N. der Unregelmäßigkeiten :    -

Kontrollniveau:   normal
Stichprobentyp:   fortschreitend
Augenblick der Kontrolle: beim Empfang

---

Tabelle 7.

**Stichprobenpläne**

Fabrik:  
Datum:

Blatt entspricht Nr. 112  
aufgestellt von:

Produkt: gebrauchte Garnrollen  
Probenumfangsbuchstabe: J

Element: eine Garnrolle

| Fortschreitende Stichprobenpläne | | | Hauptfehler Q. N. = 2% | | Nebenfehler Q. N. = 3% | |
|---|---|---|---|---|---|---|
| Nr. der Probe | Umfang der Probe | Gesamt-Umfang | Abnahme-Zahl | Ablehn-Zahl | Abnahme-Zahl | Ablehn-Zahl |
| 1. | 40 | 40 | 0 | 4 | 0 | 4 |
| 2. | 40 | 80 | 1 | 5 | 2 | 7 |
| 3. | 40 | 120 | 3 | 6 | 5 | 9 |
| 4. | 40 | 160 | 5 | 8 | 7 | 11 |
| 5. | 40 | 200 | 6 | 10 | 9 | 13 |
| 6. | 40 | 240 | 8 | 12 | 11 | 15 |
| 7. | 40 | 280 | 11 | 12 | 15 | 16 |
| 8. | - | | | | | |
| 9. | - | | | | | |

Mit dieser Zusammenfassung versehen, begeben sich die Prüfer zur Durchführung der Stichprobenkontrolle (die wir im zweiten Teil dieses Kapitels beschreiben werden) in die Fabrikationsräume.


## II. Wie man eine Stichprobe durchführt

Wir haben nacheinander die Methoden, die zur näheren Bestimmung der Wahl
eines Stichprobenplanes führen, untersucht.

Jetzt werden wir die Tätigkeit des Prüfers, der mit der Durchführung einer
Kontrolle beauftragt ist, beschreiben (65). Als Beispiel werden wir die Kontrol-
le der gebrauchten Garnrollen, an der wir im vorhergehenden Paragraphen die
Stichprobenpläne eingerichtet haben, wiederaufnehmen.

---

65) D. h. die praktische Stichprobenoperation, so wie sie in der Industrie stattfindet.

# 1. Aufstellung der Proben

Zunächst muß der Prüfer die Elemente aus dem zu kontrollierenden Posten entnehmen. Diese Elemente formen nun die Proben; diese Proben gestatten ihm dann zu entscheiden, ob er den Posten in seiner Gesamtheit abnehmen oder ablehnen muß.

## A. Probenumfang

Wir haben gesehen (Seite 57), daß die Auswahl der Elemente, die die Proben formen, durch den Postenumfang festgelegt werden. Es ist also hier nicht nötig, den Umfang der zu entnehmenden Proben zu berechnen. - Dies ist einer der Hauptvorteile dieser Methode.

Wenn man die doppelte oder fortschreitende Stichprobe verwendet, ist es vorzuziehen, jede Probe getrennt aufzustellen, - je nachdem wie man sie braucht. Der Prüfer muß also eine erste Probe von 40 Rollen formen und dann, wenn er den Posten auf der Grundlage dieser Probe weder abnehmen noch ablehnen konnte, wird er eine zweite und dritte entnehmen, usw. ... Manchmal ist es jedoch - aus Gründen, die mit der Verwaltung zusammenhängen, angezeigt (66), die maximale Anzahl von Elementen, die man benötigen könnte, GLEICHZEITIG zu entnehmen. Erst dann formt man die verschiedenen Proben aus diesen Elementen. Der Prüfer wird demnach 280 Elemente entnehmen und daraus die 7 vorgesehenen Proben formen, - obgleich es vorkommen kann, daß z.B. nur 3 Proben kontrolliert werden, weil die Abnahme- oder Ablehnzahl schon nach der Kontrolle dieser 3 Proben erreicht ist.

Wenn man die maximale Anzahl der Elemente auf einmal entnimmt, kann man oft von dem Vorteil Gebrauch machen, - einen anderen Stichprobentyp zu wählen, der weniger Elemente fordert. Z.B. wird man, wenn alle Elemente gleichzeitig aus den Posten entnommen worden sind, anstatt der ursprünglich angenommenen fortschreitenden Stichprobe, die einfache Stichprobe wählen (67). Dieser Vorteil der einfachen Stichprobe kann jedoch, - wenn die eigentlichen Kontrollkosten eines Elements höher als die Entnahmekosten dieses Elements sind, - wieder verlorengehen. Jedes Produkt muß auf diesen Fall hin besonders untersucht werden, damit eine Entscheidung über den anzuwendenden Stichprobentyp gefällt werden kann.

## B. Regeln für die Entnahme der Elemente eines Postens und das Aufstellen einer Probe

Gefordert wird, daß die entnommenen Proben genau die Qualität des gesamten Postens, aus dem sie entnommen wurden, ausweisen müssen. Dies ist einer der delikatesten Punkte der Stichprobenmethoden.

---

(66) Wir denken besonders an die Kontrollkosten.

(67) Denn die Stichprobenkosten neigen dazu, für die einfache Stichprobe niedriger als für die doppelte und fortschreitende zu sein.

In der Theorie werden drei Arten zur Aufstellung der Proben genannt: die Zufalls-Stichprobe, die bewußte Stichprobe und die gemischte Stichprobe (auch repräsentative oder proportionale Stichprobe bezeichnet) (68).

Im Falle der Zufalls-Stichprobe muß jedes zwecks Aufstellung der Probe aus dem Posten zu entnehmende Element aufs Geratewohl genommen werden. Jedem Element soll die gleiche Wahrscheinlichkeit - zur Probe zu gehören - eingeräumt werden. Bei der bewußten Stichprobe dagegen müssen die Elemente (die die Probe bilden) bestimmte Besonderheiten aufweisen. Zum Beispiel: Alle Elemente (die die Probe formen) müssen das gleiche Gewicht haben, oder auch, die Probe muß ein festgelegtes Gewicht haben, usw. Wir wollen hier gleich erwähnen, daß die bewußte Stichprobe in der Industrie nur selten angewendet wird, und daß sie, wenn man ihre Durchführung nicht gewöhnt ist, zu falschen Schlüssen führen kann. Die gemischte Stichprobe stellt ein Kompromiß zwischen der Zufalls-Stichprobe und der bewußten Stichprobe dar. In ihrem Falle werden die Elemente nicht aus der Gesamtheit des Postens (wie bei der Zufalls-Stichprobe) sondern lediglich aus jedem Unterposten - und das in genau festgelegter Anzahl, - aufs Geratewohl entnommen. Das Ziel dieser Methode ist die Aufstellung proportionaler Proben: jede Probe soll dieselbe Struktur wie der ganze Posten haben. Wir werden später ein Beispiel der gemischten Stichprobe vorführen.

In dieser Untersuchung werden wir über die Zufalls-Stichprobe und die gemischte Stichprobe sprechen, d.h. von den Fällen, in denen jedes Element (entweder aus der Gesamtheit des Postens oder eines Unterpostens) aufs Geratewohl entnommen wird.

Die Operation des Entnehmens der Elemente - aufs Geratewohl - erscheint auf den ersten Blick als sehr einfach. Das ist aber nicht der Fall. Die Person, die mit der Aufstellung der Proben beauftragt ist, trifft fast immer - meist unbewußt, - eine Auswahl und ihre Entnahme entspricht nur selten dem, was der Zufall geben würde. Aus diesem Grunde müssen bei der Entnahme aufs Geratewohl gewisse Regeln beachtet werden, - so paradox das auch erscheinen mag.

Die Erfahrung zeigt, daß man bei Beachtung dieser Regeln eher ein repräsentatives Bild erhalten wird, als bei ihrer Nichtbeachtung. Diese Regeln sind die folgenden:

    a) Entnahme der Elemente aus allen Teilen des Postens oder Unterpostens;

    b) Entnahme der Elemente aufs Geratewohl;

    c) Entnahme von proportionalen Proben, - im Falle der gemischten Stichprobe.

---

68) S. h. Hans Keller: Theorie und Technik des Stichprobenverfahrens. München 1953.

Die Regel a) "Entnahme der Elemente aus allen Teilen des Postens oder Unterpostens" will sagen, daß jedes Element die gleiche Wahrscheinlichkeit - für die Aufstellung der Probe ausgewählt zu werden, - haben muß. Die Handhabung dieser Regel durch den Prüfer wird vom Vorlegen des Postens abhängen. Wenn die Elemente in Kisten oder Kartons vorgelegt werden, dann wird der Prüfer geneigt sein, Elemente zu nehmen, die oben in der Kiste liegen. Diese werden aber nicht unbedingt die Elemente der Mitte oder vom Boden der Kiste repräsentieren. Wenn man z.B. das Gewicht eines Elements kontrolliert, dann werden, - besonders wenn die Kiste vom Herstellungsort zum Kontrollort transportiert worden ist, - die schweren Elemente unten in der Kiste liegen. Der Prüfer wird seine Tätigkeit nicht vorher aufnehmen dürfen, bevor nicht ALLE Elemente zu seiner Verfügung stehen.

Die Regel b) "Entnahme der Elemente aufs Geratewohl" kennzeichnet, daß die Elemente ohne Rücksicht auf ihre Qualität genommen werden müssen. Der Prüfer darf weder gute noch schlechte Elemente bei der Entnahme begünstigen. Wenn der Prüfer sofort bemerkt, daß gewisse Elemente fehlerhaft sind, dann muß er sie, - bevor er die Proben aufstellt, - vom Posten ausschließen.

Als vollendete Praktiker haben die Angelsachsen Tabellen aufgestellt, die die Elemente aufzeigen, die zu entnehmen sind, - damit die Stichproben auch wirklich zufallsbedingt sind. Die bekanntesten Tabellen sind von TIPPETT. Man findet sie in den meisten angelsächsischen statistischen Handbüchern wiedergegeben (69).

Im Falle der Garnrollen benützt der Prüfer eine dieser Tabellen. Sie zeigt ihm die 280 Rollen, die er zur Aufstellung der 7 Proben entnehmen muß.

Die Regel c) "Entnahme von proportionalen Proben" wird nur angewendet, wenn ein Posten in Unterposten aufgeteilt ist. Das ist bei der gemischten Stichprobe der Fall. Jede Probe muß genau den ganzen Posten repräsentieren. Ein Posten kann sich z.B. aus Garnrollen und Garnwinden zusammensetzen, - entsprechend der Gattung der Rollen, - wird er in zwei Unterposten aufgeteilt: Unterposten Nr. 1: 1875 Garnrollen, das sind 75 % des Postens, Unterposten Nr. 2: 625 Garnwinden, das sind 25 % des Postens.

Umfang des Postens: 2500 Rollen.

Da jede Probe die Gesamtheit des Postens repräsentieren soll, muß man entnehmen:
Aus Unterposten Nr. 1: 30 Garnrollen, das sind 75 % der Probe,
aus Unterposten Nr. 2: 10 Garnwinden, das sind 25 % der Probe.
Umfang der Probe:    40 Rollen.

69) L. H. C. Tippett: Radom Sampling Numbers (Tracts for Computers, Nr. 15).
S. h. Fisher and Yates: Statistical Tables for Biological, Agricultural and Medical Research. Oliver and Boyed; verschiedene Auflagen.

# 2. Kontrolle von Elementen der Probe

Die zweite Aufgabe des Prüfers ist es, für jede Fehlerkategorie die Fehler zu kontrollieren.

Der technische Aspekt der Kontrolle eines bestimmten Produkts geht über den Rahmen dieser Untersuchung hinaus. Wir erwähnen hier lediglich, daß man die Kontrolloperation entweder mit Hilfe menschlicher Mittel durchführen kann (das Urteil des Prüfers) oder mit materiellen Mitteln (70).

Man hat hier einige allgemeine Prinzipien zu beachten. Zuerst muß jedes Element - in gleicher Art und Sorgfalt - auf die gleichen Fehler hin kontrolliert werden. Die eingerichteten Operations-Charakteristiken setzen voraus, daß diese Vorbedingungen erfüllt sind.

Ferner muß hierbei eine sehr klare Unterscheidung zwischen dem, was als fehlerhaftes Element und als nichtfehlerhaftes Element angesehen werden soll, getroffen worden sein. Diese Unterscheidung muß mit peinlicher Genauigkeit - oder mit Hilfe von Fotos, Zeichnungen oder wirklichen Beispielen - in der Fehlerliste kenntlich gemacht werden. Alle Prüfer müssen auf dieselbe Art und Weise ihre Urteile treffen.

# 3. Abnahme oder Ablehnung
## eines der Stichprobenkontrolle unterworfenen Postens

Die Abnahme oder Ablehnung eines Postens wird vom angewendeten Stichprobenplan festgelegt. Die Tätigkeit des Prüfers werden wir hier in allen Einzelheiten wiedergeben.

Erinnern wir uns daran, daß es sich um eine fortschreitende Stichprobe handelt. Für die einfache oder doppelte Stichprobe wäre die Art des Vorgehens die gleiche, da diese letzteren nur Sonderfälle der fortschreitenden Stichprobe sind.

**A. Normale Kontrolle**

Der Prüfer hat die für die Haupt- und Nebenfehler eingerichteten Stichprobenpläne vor sich liegen, - da im allgemeinen die Fehlerkontrollen für alle Fehlerkategorien GLEICHZEITIG durchgeführt werden. (Siehe hierzu Tabelle 8):

---

70) Z. B. Meßinstrumente für den Strom, für den Zeitablauf, für den Durchmesser usw.

Tabelle 8

**Ergebnisblatt**          Nr. .........

Fabrik:                              Blatt entspricht Nr. 112
Datum:                               Kontrolle durchgeführt von ......
Produkt: Gebrauchte Garnrollen;      Element: eine Rolle
Posten Nr. 1334 erhalten von: MU. Co. ;      Postenumfang   2500

Probenumfangsbuchstabe:              J
Augenblick der Kontrolle:            bei der Hereinnahme

| Fortschreitende Stichprobenpläne | | | Hauptfehler Q.N. = 2 % | | | Nebenfehler Q.N. = 3% | | |
|---|---|---|---|---|---|---|---|---|
| Nr. der Pr. | Umfang der Probe | Gesamt-Umfang | Abnahme-Zahl | Ablehn-Zahl | gefunde-ne Ele-mente | Abnahme-Zahl | Ablehn-Zahl | gefunde-ne Ele-mente |
| 1. | 40 | 40 | 0 | 4 | 2 | 0 | 4 | 1 |
| 2. | 40 | 80 | 1 | 5 | 3 | 2 | 7 | 2V |
| 3. | 40 | 120 | 3 | 6 | 3V | 5 | 9 | |
| 4. | 40 | 160 | 5 | 8 | | 7 | 11 | |
| 5. | 40 | 200 | 6 | 10 | | 9 | 13 | |
| 6. | 40 | 240 | 8 | 12 | | 11 | 15 | |
| 7. | 40 | 280 | 11 | 12 | | 15 | 16 | |
| 8. | - | | | | | | | |
| 9. | - | - | - | - | - | - | - | - |

Er entnimmt die erste Probe mit 40 Rollen und kontrolliert sie, dann zählt er
zusammen :

    a) die Anzahl der Rollen mit Hauptfehler ist 1;

    b) die Anzahl der Rollen mit Nebenfehler ist 0;

    c) die Anzahl der Rollen, die GLEICHZEITIG Haupt- und Nebenfehler
       enthalten (diese Rollen werden gemischtfehlerhafte Elemente ge-
       nannt) ist 1.

Die Anzahl der in der ersten Probe gefundenen fehlerhaften Elemente setzt sich
demnach wie folgt zusammen:

1 hauptfehlerhaftes                  0 nebenfehlerhafte
    Element                              Elemente
1 gemischtfehlerhaftes               1 gemischtfehlerhaftes
    Element                              Element

---------                            ---------

2 hauptfehlerhafte                   1 nebenfehlerhaftes
    Elemente                             Elemente

Die gemischtfehlerhaften Elemente werden gleichzeitig zu den hauptfehlerhaften und den nebenfehlerhaften Elementen hinzugezählt.

Diese Ergebnisse werden in die erste Zeile des Ergebnis-Blattes übertragen
(Probe Nr. 1).

Der Prüfer vergleicht diese Ergebnisse mit denjenigen der Stichprobenpläne.
Er vergleicht zuerst die Anzahl der gefundenen hauptfehlerhaften Elemente,
nämlich 2, mit den Abnahme- und Ablehnzahlen, nämlich 0 und 4. - Da
2 zwischen 0 und 4 liegt, muß der Prüfer, - um die Entscheidung der Abnahme oder Ablehnung des Postens hinsichtlich der Hauptfehler treffen zu können,
- eine zweite Probe kontrollieren.

Die Anzahl der in dieser Probe gefundenen nebenfehlerhaften Elemente, nämlich 1, liegt ebenfalls zwischen der Abnahme- und Ablehnzahl für die Nebenfehler. - Der Prüfer muß demnach die Kontrolle sowohl für die Haupt- als auch
für die Nebenfehler weiter fortsetzen.

Der Prüfer entnimmt nun eine zweite Probe mit 40 Rollen. Der Gesamtumfang
der Proben besteht somit aus 80 Rollen, - nämlich 40 aus der ersten Probe und
40 aus der zweiten. Er kontrolliert die Rollen der zweiten Probe und zählt dann
die Anzahl der fehlerhaften Rollen, - die er in der ersten UND zweiten Probe
gefunden hat, - zusammen. Für diese zwei Proben zusammengenommen   findet
er:

| | |
|---|---|
| 2 hauptfehlerhafte | 1 nebenfehlerhaftes |
|    Elemente |    Elemente |
| 1 gemischtfehlerhaftes | 1 gemischtfehlerhaftes |
|    Element |    Element |
| --------- | --------- |
| 3 hauptfehlerhafte | 2 nebenfehlerhafte |
|    Elemente |    Elemente |

Diese Ergebnisse werden in die zweite Zeile des Ergebnis-Blattes eingetragen
(Probe Nr. 2).

Der Prüfer vergleicht jetzt wieder die Anzahl der fehlerhaften Rollen mit den
Abnahme-und Ablehnzahlen. Er sieht, daß er die Kontrolle für die Hauptfehler fortsetzen muß, daß dagegen aber die gefundene Anzahl von nebenfehlerhaften Elementen, nämlich zwei, gleich der Abnahmezahl ist. Der Posten ist
demnach in Bezug auf die Nebenfehler abgenommen. Auf dem Ergebnisblatt
wird dies durch das Zeichen V kenntlich gemacht.

Der Prüfer entnimmt nun eine Probe von 40 Rollen; dies erhöht den Gesamt-
Umfang der Proben auf 120. Er kontrolliert sie und findet keinen Hauptfehler
darin. Er erhält deshalb als Ergebnis der drei Proben:

2 hauptfehlerhafte Elemente;

1 gemischtfehlerhaftes Element;

---------

3 hauptfehlerhafte Elemente,

was auf der dritten Zeile des Stichprobenplanes für die Hauptfehler eingetragen wird (Probe Nr. 3).

Da die Anzahl der hauptfehlerhaften Elemente gleich der Abnahmezahl ist, wird der Posten - in Bezug auf die Hauptfehler - endgültig abgenommen (was auch hier wieder durch das Zeichen V deutlich gemacht wird).

Die Kontrolle ist demnach abgeschlossen, denn der Posten ist gleichzeitig für die Haupt- und Nebenfehler abgenommen worden.

Bemerkungen. - Wenn bei der Kontrolle der dritten Probe (für die Hauptfehler) der Prüfer Rollen gefunden hätte, die Nebenfehler aufgewiesen hätten, so hätte er sie, - obgleich der Posten schon für diese ebengenannten Posten abgenommen worden ist, - aus der Probe entfernt. Der Zweck einer solchen Handlung ist die Ausschaltung der größtmöglichen Fehlerzahl. Dieses ermöglicht, - ohne irgendwelche zusätzlichen Kosten, - die Endqualität des Postens zu verbessern.

Hier ein Postenbeispiel, das nach der Kontrolle zur endgültigen Ablehnung führt:

Tabelle 9

|  | | Ergebnisblatt | | | Nr. ..... | | |
| --- | --- | --- | --- | --- | --- | --- | --- |

Fabrik: — Blatt entspricht Nr. 112

Datum: — Kontrolle durchgeführt von: ...

Produkt: gebrauchte Garnrollen; — Element: eine Rolle

Posten Nr. 1337 erh. von: Horn & Co.; — Postenumfang: 2500

Probenumfangsbuchstabe: — J

Augenblick der Kontrolle: — bei der Hereinnahme

| Fortschreitende Stichprobenpläne | | | Hauptfehler Q. N. = 2 % | | | Nebenfehler Q. N. = 3 % | | |
| --- | --- | --- | --- | --- | --- | --- | --- | --- |
| Nr. der Pr. | Umfang der Probe | Gesamt-Umfang | Abnahme-Zahl | Ablehn-Zahl | gefundene Elemente | Abnahme-Zahl | Ablehn-Zahl | gefundene Elemente |
| 1. | 40 | 40 | 0 | 4 | 2 | 0 | 4 | 3 |
| 2. | 40 | 80 | 1 | 5 | 2 | 2 | 7 | 5 |
| 3. | 40 | 120 | 3 | 6 | 3V | 5 | 9 | 8 |
| 4. | 40 | 160 | 5 | 8 |  | 7 | 11 | 10 |
| 5. | 40 | 200 | 6 | 10 |  | 9 | 13 | 14x |
| 6. | 40 | 240 | 8 | 12 |  | 11 | 15 |  |
| 7. | 40 | 280 | 11 | 12 |  | 15 | 16 |  |
| 8. | - |  |  |  |  |  |  |  |
| 9. | - |  |  |  |  |  |  |  |

Man muß hierzu bemerken, daß dieser Posten hinsichtlich der Hauptfehler annehmbar war, daß er aber wegen der Nebenfehler abgelehnt werden mußte; was durch das Zeichen x gekennzeichnet wird.

Wenn wir die Tätigkeit des Prüfers in einigen Sätzen kurz zusammenfassen wollen, dann können wir sagen:

1) Ein Posten ist erst dann endgültig abgenommen worden, wenn er gleichzeitig für seine Haupt- und Nebenfehler (und evtl. für seine Unregelmäßigkeiten) abgenommen worden ist. Wenn ein Posten nur hinsichtlich einer Fehlerkategorie abgenommen worden ist, dann muß die Kontrolle für die anderen Fehlerkategorien solange fortgesetzt werden, bis für alle Fehler eine Entscheidung getroffen werden kann (71).

2) Ein Posten kann entweder für seine Hauptfehler, für seine Nebenfehler oder für seine Unregelmäßigkeiten abgelehnt werden. Die Kontrolle kann abgeschlossen werden, wenn ein Posten für irgendeine Fehlerkategorie abgelehnt worden ist. In besonderen Fällen verfolgt man allerdings die Kontrolle solange, bis für alle Fehlerkategorien eine Entscheidung getroffen worden ist (72).


### B. Abgekürzte Kontrolle

1) FALL DER ERSTEN PROBE. - Manchmal weiß man schon bevor alle Elemente der ersten Probe kontrolliert worden sind, - ob dieser Posten für eine Fehlerkategorie abgenommen oder abgelehnt werden wird. Nehmen wir z. B. an, daß der Stichprobenplan, im Falle einer aus 40 Elementen bestehenden Probe, eine Ablehnzahl von 4 ausweist. Der Prüfer findet in den ersten 9 Elementen bereits 4 hauptfehlerhafte Elemente. Der Posten wird auf jeden Fall abgelehnt, - selbst dann, wenn die anderen 31 Elemente keine Fehler mehr enthalten. Es ist daher möglich, daß der ganze Posten schon nach der Kontrolle von nur 9 Elementen abgelehnt wird. Wenn es sich jedoch hierbei um die erste Probe handelt, wird im allgemeinen die Kontrolle nicht abgeschlossen, - damit man den mittleren Prozentsatz der fehlerhaften Elemente (73) (M. P. F. E.) berechnen kann.

2) FALL DER ANDEREN PROBEN. - Wenn man, bevor man alle Elemente des Postens kontrolliert hat, - weiß, daß dieser Posten abgenommen oder abgelehnt wird, dann kann man die Kontrolle abkürzen.

Der Vorteil der verkürzten Kontrolle besteht selbstredend in einer Verringe-

---

71) Für die Fehlerkategorie, für die man die Entscheidung getroffen hat, kann dagegen die Kontrolle abgeschlossen werden.

72) Bei dieser Art des Vorgehens vermerkt man die Informations-Zahl; auf dieser Grundlage wird die Direktion eine anderweitige Entscheidung treffen.

73) Diesen M. P. F. E. werden wir auf Seite 75 näher untersuchen.

rung der Kontrolldauer und der Kontrollkosten. Wenn irgend möglich erscheint es daher angezeigt, die Kontrolle der Posten, - mit Ausnahme der ersten, - jedesmal abzukürzen.

### 4. Was soll man mit den fehlerhaften Produkten machen?

a) Was soll man mit den fehlerhaften Elementen, die sich in den Proben vorfinden, machen ?

Besonders wenn man die abgekürzte Kontrolle anwendet, können sich selbstredend in den der Kontrolle unterworfenen Proben einige fehlerhafte Elemente befinden. Wenn möglich sollen diese fehlerhaften Elemente im Posten durch nichtfehlerhafte Elemente ersetzt werden; hieraus ergibt sich eine leichte Verbesserung der Qualität des Produkts. Die nichtfehlerhaften Elemente der kontrollierten Probe müssen selbstredend in den Posten zurückgelegt werden, - außer wenn durch die Kontrolle ihre Qualität verschlechtert wurde (74).

Das Ersetzen fehlerhafter Elemente durch nichtfehlerhafte ist selbstverständlich kein Teil der Schätzung der Qualität des Postens; - sie ist nur ein Mittel zur Verbesserung der Qualität der abgenommenen Produkte.

b) Was soll man mit den nach der Kontrolle abgelehnten Posten machen ?

Diese Entscheidung variiert von Produkt zu Produkt. Für bestimmte Artikel ist es unwirtschaftlich, wenn die nichtfehlerhaften Elemente wieder eingegliedert werden, - selbst dann, wenn diese relativ zahlreich sind. So haben z.B. die Garnrollen einen so geringen Wert, daß sich ihre Wiedereingliederung nicht lohnen würde. In anderen Fällen wird der abgelehnte Posten einer Vollerhebung unterworfen, d.h. einer 100 %-Kontrolle. Die fehlerhaften Elemente können entweder eliminiert oder nachbearbeitet werden. Bei einigen Produkten kann der abgelehnte Posten schließlich für andere Zwecke (als die ursprünglich vorgesehenen) verwandt werden.

Das Problem der Preisminderung des Produkts werden wir hier nicht untersuchen, da dieses Problem unseren Rahmen überschreiten würde.


# III. Überprüfung und Deduktion der erhaltenen Ergebnisse

Wir haben in den vorhergehenden Abschnitten nacheinander die Aufstellung eines Stichprobenplanes und dann seine praktische Anwendung vorgetragen. Es bleibt uns jetzt noch die Analyse der erhaltenen Ergebnisse.

---

74) Z. B. bei der Spannkraftkontrolle beim Walzen, bei der Kontrolle der Lebensdauer, der Bruchfestigkeit usw.

Die periodische Überprüfung der Ergebnisse der Kontrollen dient zur dirigisti-
schen Beeinflussung der zukünftigen Stichprobentätigkeit. Sie findet im allgemeinen alle 10 Tage statt.

Die Ziele der periodischen Wiederholung sind:

1) Bestimmung der mittleren Qualität der (im Verlauf der letzten Periode)
kontrollierten Produkte, - d.h.: Bestimmung des mittleren Prozentsatzes der
fehlerhaften Elemente (M.P.F.E.), welchen die der Stichprobenkontrolle unterworfenen Posten enthalten (75).

2) Bestimmung der mittleren Endqualität der Produkte (M.E.Q.)

3) Bestimmung, ob man künftig für bestimmte Produkte die normale Kontrolle, die reduzierte Kontrolle oder die verstärkte Kontrolle zur Anwendung brin-
gen soll.

4) Schätzung des nach der Stichprobenkontrolle abgelehnten Prozentsatzes der
Posten.

## 1. Mittlerer Prozentsatz von fehlerhaften Elementen, der in dem der Stichprobenkontrolle unterworfenen Posten enthalten ist (M. P. F. E.)

Der Leiter des Stichprobenbüros muß, - um sich eine Meinung über die Qualität der verschiedenen Produkte machen zu können, - den mittleren Prozentsatz der fehlerhaften Elemente (M.P.F.E.) berechnen, der (im Verlaufe der
letzten Tätigkeitsperiode) in den der Kontrolle unterworfenen Posten enthalten war.

Jeder M.P.F.E. wird einheitlich - aus der ersten Probe des ersten Postens - berechnet. Auf diese Weise ist jeder M.P.F.E. nur eine SCHÄTZUNG des WIRK-
LICHEN Prozentsatzes der (in den Posten enthaltenen) fehlerhaften Elemente -
lediglich also eines Teils der Produkte, die kontrolliert worden sind.

Es gibt zwei Berechnungsmethoden des M.P.F.E.; die erste ist schnell und approximativ, die zweite ist länger, aber exakter.

**A. Approximative Berechnung des M. P. F. E.**

Diese Methode wird nur in den folgenden Fällen angewandt:

   a) Die Umfänge der Posten müssen (wahrnehmbar) die gleichen sein;
   b) die ersten Proben (von jedem Posten) müssen den gleichen Umfang
      haben.

Die Formel zur Berechnung des M.P.F.E. für eine Serie von k Posten lautet
deshalb:

$$\text{M.P.F.E. (approximativ)} = \frac{\text{Summe der fehlerhaften Elemente in den ersten Proben von k kontrollierten Posten}}{\text{Summe der Elemente in den ersten Proben von k kontrollierten Posten}} \cdot 100$$

---

75) Wird auch als Ausschußprozentsatz bezeichnet.

Wenn mehr als eine Fehlerkategorie existiert, dann muß für jede Fehlerkategorie der M.P.F.E. berechnet werden. In allen Fällen wird nur die erste Probe jedes Postens - bei einer solchen Berechnung - in Betracht zu ziehen sein. Das Hinzuziehen weiterer Proben kann den M.P.F.E. fälschen, da diese Proben oft, - mit dem Ziele der Kontrollkostensenkung, - einer reduzierten Kontrolle unterworfen werden. - Die Kontrolle aller Elemente in den ersten Proben hat zum Ziele, die Berechnung des M.P.F.E. zu ermöglichen (76). Wenn jedoch nun nicht alle Elemente der ersten Probe kontrolliert worden sind, (und das ist bei der einfachen Stichprobe leider oft der Fall), dann muß der M.P. F.E. mit Hilfe der nun folgenden Formeln berechnet werden.

Gegeben sei:

$$n = \text{der Probenumfang,}$$
$$r = \text{die Ablehnzahl.}$$

Wenn man die Kontrolle verkürzt, so bedeutet das, entweder daß man die Kontrolle abschließt und den Posten dann, - wenn r fehlerhafte Elemente beobachtet werden, - zurückweist, oder aber daß man die Kontrolle abschließt und den Posten dann - sobald n - r + 1 nichtfehlerhafte Elemente beobachtet worden sind - abnimmt.

Wenn man die Posten zurückweist, dann hat man:

$$\text{M.P.F.E.} = \frac{(r - 1) \cdot 100}{\text{Summe der kontrollierten Elemente minus eins}}$$

und wenn man den Posten abnimmt:

$$\text{M.P.F.E.} = \frac{\text{Summe der beobachteten fehlerhaften Elemente} \quad \text{mal } 100}{\text{Summe der kontrollierten Elemente minus eins}}$$

Nehmen wir ein Beispiel an:

Wenn n = 150, r = 9 und wenn das neunte fehlerhafte Element im 28. kontrollierten Element gefunden wird, dann erhält man:

$$\text{M.P.F.E.} = \frac{(8 \cdot 100)}{27} = 29{,}6\ \% \text{ fehlerhafte Elemente (oder Ausschuß)}$$

Dagegen ist der Posten dann abgenommen, wenn

n - r + 1 = 142 nichtfehlerhafte Elemente abgenommen sind. Nehmen wir einmal an, daß das 142. nichtfehlerhafte Element das 145. kontrollierte Element sei. Dann ist der Posten abgenommen und der M.P.F.E. wird wie folgt geschätzt:

$$\text{M.P.F.E.} = \frac{(3 \cdot 100)}{144} = 2{,}08\ \% \text{ fehlerhafte Elemente (77) (oder Ausschuß)}$$

---

76) Wie wir auf Seite 72 gesehen haben.

77) Siehe auch: „Unbiased Estimates for Certain Binomial Sampling Problems with Applications" von Girshick, Mosteller und Savage, in „Annals of Mathematical Statistics", Vol. 17, 1946, Seiten 13 bis 23.

## Tabelle 10

**Berechnung des M. P. F. E.**                    Nr. . . . .

Fabrik:                                    Periode: vom 1. Januar bis 10. Januar
Produkt: gebr. Garnrollen                  Element: eine Rolle
Stichprobenart: doppelte
Augenblick der Kontrolle:                  beim Empfang

| Posten Nr. | Ergebnis-blatt Nr. | Umfang des Postens = N | Umfang der 1. Probe = n | In der 1. Probe ge-fundene fehlerhafte Elemente | | Geschätzte Anzahl der fehlerhaften Elemente im Posten = pN |
|---|---|---|---|---|---|---|
| | | | | Anzahl | % = p | |
| 1 | 2 | 3 | 4 | 5 | 6 = 5:4 | 7 = 6 · 3 |
| 1. | 1428 | 2500 | 100 | 3 | 0,03 | 75 |
| 2. | 1431 | 2400 | 100 | 5 | 0,05 | 120 |
| 3. | 1432 | 2550 | 100 | 0 | 0 | 0 |
| 4. | 1433 | 2300 | 100 | 1 | 0,01 | 23 |
| 5. | 1447 | 2500 | 100 | 2 | 0,02 | 50 |
| 6. | 1449 | 2600 | 100 | 3 | 0,03 | 78 |
| 7. | 1450 | 2450 | 100 | 0 | 0 | 0 |
| 8. | 1452 | 2500 | 100 | 1 | 0,01 | 25 |
| 9. | 1455 | 2500 | 100 | 0 | 0 | 0 |
| 10. | 1456 | 2550 | 100 | 2 | 0,02 | 51 |
| 11. | 1457 | 2500 | 100 | 5 | 0,05 | 125 |
| 12. | 1458 | 2600 | 100 | 3 | 0,03 | 78 |
| 13. | 1459 | 2450 | 100 | 0 | 0 | 0 |
| 14. | 1471 | 2500 | 100 | 1 | 0,01 | 25 |
| 15. | 1472 | 2400 | 100 | 0 | 0 | 0 |
| 16. | 1474 | 2500 | 100 | 44 | 0,44 | 1100 |
| 17. | 1457 | 2500 | 100 | 2 | 0,02 | 50 |
| 18. | 1477 | 2400 | 100 | 1 | 0,01 | 24 |
| 19. | 1478 | 2500 | 100 | 1 | 0,01 | 25 |
| 20. | 1479 | 2450 | 100 | 4 | 0,04 | 98 |
| 21. | 1480 | 2550 | 100 | 0 | 0 | 0 |
| 22. | 1481 | 2500 | 100 | 3 | 0,03 | 75 |
| 23. | - | - | - | - | - | - |
| ... | | | | | | |
| Summe | | 54700 | 2200 | 81 | | 2022 |

$$\text{M. P. F. E. appr.} = \frac{\text{Summe von 5}}{\text{Summe von 4}} \cdot 100 = \frac{8100}{2200} = 3,68\,\%$$

$$\text{M. P. F. E. exakt} = \frac{\text{Summe von 7}}{\text{Summe von 3}} \cdot 100 = \frac{202200}{54700} = 3,70\,\%$$

Bemerkung:  Der Posten Nr. 16 scheint anomal zu sein.

## B. Exakte Berechnung des M. P. F. E.

Wenn die Umfänge der Posten und Proben nur wenig variieren, dann liefert uns die auf S. 74 gegebene Formel eine gute Schätzung des M. P. F. E. Wenn das aber nicht der Fall ist, muß man die folgende Formel, - die den gewogenen Mittelwert der fehlerhaften Elemente benutzt, - verwenden:

$$\text{M. P. F. E. (exakt)} = \frac{p_1 N_1 + p_2 N_2 + \ldots + p_k N_k}{N_1 + N_2 + \ldots + N_k} \cdot 100$$

wobei:

$$p_1 = \frac{\text{Anzahl der fehlerhaften Elemente in der ersten Probe des ersten Postens}}{\text{Anzahl der Elemente in der ersten Probe des ersten Postens}}$$

$$p_2 = \frac{\text{Anzahl der fehlerhaften Elemente in der ersten Probe des zweiten Postens}}{\text{Anzahl der Elemente in der ersten Probe des zweiten Postens}}$$

$$p_k = \frac{\text{Anzahl der fehlerhaften Elemente in der ersten Probe des k-ten Postens}}{\text{Anzahl der Elemente in der ersten Probe des k-Postens}}$$

$N_1$ = Anzahl der Elemente im ersten Posten

$N_2$ = Anzahl der Elemente im zweiten Posten

$N_k$ = Anzahl der Elemente im k-Posten

$k$ = Anzahl der der Kontrolle unterworfenen Posten.

In dieser, wie auch in der vorhergehenden Formel, bezieht sich die Anzahl der fehlerhaften Elemente nur auf eine bestimmte Fehlerkategorie (78).

---

*) Es gibt demnach ebensoviele M. P. F. E. wie Fehlerkategorien.

**C. Ausschluß von Daten bei der Berechnung des M. P. F. E.**

Jeder M. P. F. E. wird in der Absicht, eine Schätzung des Prozentsatzes der fehlerhaften Elemente in einem NORMALEN Produkt zu ermöglichen, berechnet. Diese Schätzung erlaubt den Prozentsatz der fehlerhaften Elemente, - den die der Kontrolle unterworfenen Produkte künftig enthalten werden, - vorherzubestimmen. Die zu 100 % kontrollierten Posten müssen daher von der Berechnung des M. P. F. E. ausgeschlossen werden, - da ihre Qualität besser ist als die Qualität der Posten, die nur der Stichprobenkontrolle unterworfen wurden. Von der Berechnung des M. P. F. E. müssen gleichfalls alle Daten, die sich aus besonderen anomalen und BEKANNTEN Umständen ergeben, ausgeschlossen werden.

Die Probe des Postens Nr. 16 (in Tabelle 10) enthält 44 fehlerhafte Elemente. Wenn man weiß, daß diese Fehler einer anomalen Ursache (79) entspringen, muß der Posten Nr. 16 von der Berechnung des M. P. F. E. ausgeschlossen werden.

Dies ergibt:

$$M.\,P.\,F.\,E.\;(appr.) = \frac{37}{2100} \cdot 100 = 1.76\,\%$$

- anstatt 3,68 %, wie wir zuvor gefunden haben.

Man muß vorsichtig sein, damit man nicht Daten ausschließt, bevor nicht ENDGÜLTIG BEWIESEN ist, daß sie durch genau bestimmbare Umstände hervorgerufen worden sind. Lediglich der Tatbestand, daß eine Ziffer anomal erscheint, gibt keinen ausreichenden Grund für den Ausschluß einer Ziffer.

**D. Anzahl der Posten und Elemente, die in die Berechnung eines M. P. F. E. einbezogen werden sollten**

Die Postenzahl und folglich auch die Anzahl der ersten Posten, die die Berechnung eines M. P. F. E. umfassen soll, - darf nicht kleiner als 20 sein. Wenn das Q. N. unter 0,22 % fehlerhaften Elementen liegt, dann muß die Anzahl nahe bei 40 sein.

Wenn man die Qualität eines Produktes sehr genau zu verfolgen wünscht, dann kann man den M. P. F. E. nach jeweils 10 Posten errechnen, und zwar beim 20. Posten beginnend (80).

Die Mindestzahl von Elementen, die die Aufstellung des M. P. F. E. gestattet, hängt vom Q. N. ab. Tabelle 11 (aus "SAMPLING INSPECTION" entnommen) weist diese Mindestzahl in Funktion des Q. N. aus.

---

79) In diesem Falle: die Garnrollen sind in der Feuchtigkeit liegengeblieben.

80) Nach dem 20., dem 30., dem 40. Posten usw.

Tabelle 11 (+)

**Mindestanzahl von Elementen, auf welche der M. P. F. E. aufgebaut sein muß**

| Klasse des Q. N.<br>( in % fehlerhaf-<br>ter Elemente ) | Mindestzahl von Ele-<br>menten (von den Pro-<br>ben) |
|---|---|
| von 0,024 bis 0,035 | 15000 |
| " 0,035 " 0,06 | 10000 |
| " 0,06 " 0,12 | 7000 |
| " 0,12 " 0,17 | 5000 |
| " 0,17 " 0,22 | 3000 |
| " 0,22 und mehr | 1000 |

*) Mit Genehmigung wiedergegeben aus Sampling Inspection von Freeman, Friedman, Mosteller und Wallis. Copyrighted in 1948. Mc. Graw-Hill Book Company.

Wenn die Stichprobenkontrolle in einer Fabrik eben erst eingeführt wurde, dann kann der M. P. F. E. schon aus 5 oder 10 kontrollierten Posten errechnet werden. Tabelle 11 darf dann nicht angewandt werden. Nach der Kontrolle von 20 Posten wird man dann den M. P. F. E. wiederberechnen müssen.

### E. Häufigkeit der Berechnung des M. P. F. E.

Die Erfahrung alleine gestattet die Bestimmung, wie oft man den M. P. F. E. berechnen muß. Eine allgemeine Regel besagt: - jedesmal wenn eine bedeuten - de Änderung der Qualität des Produktes vermutet wird. Wenn ein neuer M. P. F. E. berechnet wird - bevor die Anzahl der Elemente die festgesetzte Mindest - anzahl der Tabelle 11 erreicht hat, - muß der neue M. P. F. E. auf den zuletzt kontrollierten Postendaten aufgebaut werden. Diese Daten müssen mit so vielen früheren Posten zusammen in die Berechnung des augenblicklichen M. P. F. E. einbezogen werden, wie man zur Erreichung der in Tabelle 11 vorgesehenen Anzahl von Elementen benötigt.

## 2. Mittlere Endqualität eines Produkts (M. E. Q.) [81]

Jedes in der Industrie verwendete Produkt setzt sich im allgemeinen aus Posten zusammen, von denen einige auf der Grundlage einer Stichprobenkontrolle abgenommen wurden - und anderen, die zu 100 % kontrolliert wurden. Diese letztgenannten Posten sind solche, die während der Stichprobenkontrolle abge-

[81] Kann auch als „Mittlerer Ausschußprozentsatz nach erfolgter Prüfung" bezeichnet werden.

lehnt worden sind und die man, nachdem man alle ihre fehlerhaften Elemente entfernt hat, wieder abgenommen hat. - Welches ist nun die mittlere Endqualität dieses Produktes (M. E. Q.), wenn die M. E. Q. dem in diesem Produkt enthaltenen mittleren Prozentsatz der fehlerhaften Elemente gleichgesetzt wird ?

Wenn man den Prozentsatz der fehlerhaften Elemente eines Produktes kennt (82), kann die mittlere Endqualität (M. E. Q.) auf der Grundlage der folgenden Formel für einen besonderen Stichprobenplan festgesetzt werden :

$$\text{M.E.Q.} = p \, L_p$$

in welcher p den mittleren Anteil der fehlerhaften Elemente im Produkt darstellt und $L_p$ für den verwendeten Stichprobenplan die Abnahmewahrscheinlichkeit ist, die p entspricht. Diese Wahrscheinlichkeit wird durch die Operations-Charakteristik (O. C.), - die selbst wieder von jedem Stichprobenplan abhängt, - bestimmt.

Man kann auch eine exaktere Formel anwenden, nämlich:

$$\text{M.E.Q.} = p \, L_p \left( 1 - \frac{\bar{n}}{N} \right)$$

in welcher $\bar{n}$ der mittleren Anzahl der pro Posten kontrollierten Elemente und N dem Postenumfang entspricht (83).

Hier ein Beispiel der Berechnung der M. E. Q.

Posten von Garnrollen sind der Stichprobenkontrolle unterworfen worden. Der mittlere Prozentsatz aller fehlerhaften Rollen ist 5 %. Der Probenumfangsbuchstabe ist J und das Q. N. ist 3 %. Man verwendet die fortschreitende Stichprobe. Welches ist die M. E. Q. dieses Postens ? -

Die Kurvensammlung in "SAMPLING INSPECTION" führt für diese Charakteristiken die Kurven vor, die wir auf Seite 50 wiedergegeben haben. Letztere zeigen, daß die Abnahmewahrscheinlichkeit der kontrollierten Posten, - die 5 % fehlerhafte Rollen enthalten, - ungefähr 62 % sein wird. Die M. E. Q. ist demnach:

$$0,05 \cdot 0,62 = 0,031 \quad \text{das sind 3,1 % fehlerhafte Rollen.}$$

Die Ergebnisse solcher Berechnungen können graphisch dargestellt werden. Man erhält dann folgende M. E. Q. -Kurve :

---

82) Welches grundlegend der Kontrolle unterworfen wurde.

83) Dieser Umfang muß für alle Posten der gleiche sein.

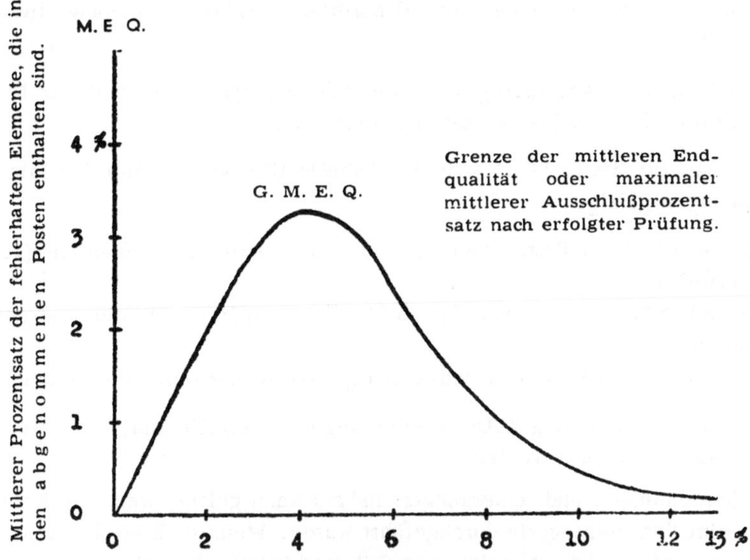


Mittlerer Prozentsatz der fehlerhaften Elemente in den
der Kontrolle unterworfenen Posten.

Diese Kurve erreicht bei 3, 28 % fehlerhaften Elementen ein Maximum. Diesen maximalen Wert nennen wir GRENZE DER MITTLEREN ENDQUALITÄT
(G. M. E. Q.). Sie repräsentiert die schlechteste mittlere Endqualität des Produktes, die ein Stichprobenplan (plus der 100 %-Kontrolle) für die abgelehnten
Posten tatsächlich liefern kann (84).

Tabelle III (im Anhang) führt die G. M. E. Q. in Funktion des Q. N. und der
Probenumfangsbuchstaben vor.

Wir haben für unser Beispiel:

$$Q. N. = 3 \%$$
$$Probenumfangsbuchstabe = J$$

Tabelle II zeigt an, daß die G. M. E. Q. wahrscheinlich zwischen 2, 5 und 3, 5
liegen wird.

Ein anderes Beispiel:

Ein Stichprobenplan sieht vor:

$$Q. N. = 5, 3 \text{ bis } 6, 4 \%$$
$$Probenumfangsbuchstabe = G$$

84) Wird auch als „maximaler mittlerer Ausschußprozentsatz nach erfolgter Prüfung"
bezeichnet.

Nach Tabelle III ist die G. M. E. Q. zwischen 5 und 7 % gelegen. Unter Verwendung der obengenannten Formel ergibt die exakte Berechnung eine G. M. E. Q. von 6, 9 %.

Der Anhang zur Tabelle III gibt für einfache Stichprobenpläne die G. M. E. Q. an, die man für sehr kleine Posten wählen muß.

Die Werte für die G. M. E. Q. in der Tabelle III sind nur unter den folgenden Bedingungen gültig:

1) die abgelehnten Posten werden einer Vollkontrolle unterworfen (100 %-Kontrolle);
2) alle fehlerhaften Elemente der zu 100 % kontrollierten Posten sind entfernt worden;
3) der Umfang der Posten ist bedeutend größer als derjenige der Proben.

Wenn nicht gleichzeitig ALLE diese Bedingungen erfüllt sind, kann diese Tabelle nicht verwendet werden.

Diese Berechnungen und Bemerkungen sind nur dann gültig, wenn die Kontrolle für nur eine Fehlerkategorie durchgeführt wurde. Wenn mehrere Fehlerkategorien existieren, sind die Berechnungen selbstredend viel komplizierter. So kann z.B. ein betreffs seiner Hauptfehler abgenommener Posten trotzdem zu 100 % kontrolliert werden, weil er hinsichtlich seiner Nebenfehler abgelehnt worden ist. Wir wollen uns nicht in die Einzelheiten solcher Berechnungen einlassen.

## 3. Normale Kontrolle, verstärkte Kontrolle und reduzierte Kontrolle

Da die Qualität der Produkte im Zeitverlauf Schwankungen unterworfen ist, wird eine zeitweise Änderung der Stichprobenpläne empfohlen, um die größtmögliche Anpassung an die neuen Umstände zu erreichen. Wenn sich die Qualität eines Produktes verschlechtert, dann muß man die Kontrolle verstärken; wenn sich die Qualität verbessert, dann kann man die Kontrolle reduzieren oder auflockern.

Der durch einen Stichprobenplan gegen die Abnahme von Posten mit schlechter Qualität gebilligte Schutzbetrag hängt vom Q. N., dem Kontrollniveau und dem Postenumfange ab. Im allgemeinen entspricht das niedrigste Q. N. dem höchsten Kontrollniveau oder: je größer der Postenumfang ist, um so besser ist der Schutz gegen die Abnahme von Posten mit schlechter Qualität.

### A. Verstärkte Kontrolle

Man kann die Kontrolle dadurch verstärken, daß man das Kontrollniveau erhöht oder aber ein kleineres Q. N. verwendet. Da die Erhöhung des Kontrollniveaus eine Vermehrung der Anzahl der zu kontrollierenden Elemente bedeu-

tet, wird es im allgemeinen vorgezogen, die Kontrolle dadurch zu verstärken,
daß man einen Stichprobenplan benützt, dessen Q. N. kleiner als das normalerweise angewendete ist. - Tabelle IV a weist die Klassen der Q. N. aus, die
dazu verwendet werden können, um eine verstärkte Kontrolle zu verwirklichen.

## B. Reduzierte Kontrolle

Ist die Qualität eines Produktes höher als die geforderte Qualität, dann bieten
sich uns zwei Mittel zur Einschränkung der Kontrolle an:

> 1) Erhöhung des Q. N. ,
> 2) Reduzierung des Kon -
>    trollbetrages pro Posten.

Gewöhnlich zieht man die zweite Lösung vor, weil die Kontrolloperation dadurch etwas verkürzt wird.

Man reduziert den Kontrollbetrag dadurch, daß man das gleiche Q. N. wie bei
normaler Kontrolle, jedoch ein niedrigeres Kontrollniveau als bei der normalen Kontrolle anwendet. Tabelle IV b zeigt das zur Reduzierung der Kontrolle
zu verwendende Kontrollniveau.

## C. Wann soll man eine verstärkte oder reduzierte Kontrolle anwenden?

Beim Vergleichen des M. P. F. E. mit dem Q. N. eines Produktes muß man sich
darüber Rechenschaft ablegen, ob die verstärkte oder reduzierte Kontrolle angewendet werden soll. Wenn der M. P. F. E. ungefähr gleich dem Q. N. ist,
dann wird man die normale Kontrolle anwenden. Wenn der M. P. F. E. beträchtlich höher als das Q. N. ist, wird man die verstärkte Kontrolle anwenden; wenn
er beträchtlich niedriger ist, greift man (unter dem Vorbehalt, daß die auf der
Seite 82 geforderten Bedingungen erfüllt sind) zur reduzierten Kontrolle. Da
der M. P. F. E. auf Proben aufbaut, wird er immer approximativ und folglich
immer Fehlern ausgesetzt sein. Deshalb haben wir gesagt, daß der M. P. F. E.
BETRÄCHTLICH höher oder niedriger als das Q. N. sein muß, damit man die
Kontrolle ändern kann. Was versteht man aber unter "beträchtlich"? Tabelle
V (im Anhang) wird uns über diesen Punkt Aufschluß geben.

Das folgende Beispiel veranschaulicht die Verwendung dieser Tabelle.

Das Q. N. für die Hauptfehler der gebrauchten Garnrollen ist mit 2 % festgesetzt. Jeder M. P. F. E. ist für Posten von Rollen, die aus der gleichen Quelle
stammen, berechnet worden. Diese M. P. F. E. haben die folgenden Werte: (85)

---

85) Der M. P. F. E. ist auf dem Blatt „Berechnung des M. P. F. E." ausgewiesen. Die
„Anzahl von Elementen der Probe", auf der der M. P. F. E. aufgebaut ist, entspricht der
Summe der Spalte 4 dieses Blattes (siehe Seite 76).

Tabelle 12

| Posten erhalten von: | M. P. F. E. (in % fehlerhafter Elemente) | Anzahl von Elementen der Probe, auf welcher der M. P. F. E. aufbaut |
|---|---|---|
| X | 3, 68 | 2200 |
| Y | 0, 51 | 1900 |
| Z | 2, 27 | 3400 |

Man fragt sich nun: Welche Kontrollart soll in der Zukunft für jeden dieser Posten (aus Rollen) angewendet werden? - Die normale Kontrolle, die verstärkte oder die reduzierte?

Methode: In Tabelle V sucht man die Spalte für das Q. N. von 1, 2 bis 2, 2 % auf (86). Für die von X erhaltenen Posten werden die oberen Grenzen und unteren Grenzen des M. P. F. E. in der Zeile von 2000 bis 3000 Elementen ausgewiesen (87). Für die Posten von Y und Z geht man nach der gleichen Weise vor. Die so festgelegten Grenzen sind in die Tabelle 13 eingetragen worden:

Tabelle 13

| Posten erhalten von: | Untere Grenze des M. P. F. E. | Obere Grenze des M. P. F. E. |
|---|---|---|
| X | 0, 8 | 2, 8 |
| Y | 0, 7 | 2, 9 |
| Z | 0, 8 | 2, 7 |

SCHLÜSSE:

a) Der M. P. F. E. der von X erhaltenen Rollen (nämlich 3, 68 %) ist über der oberen Grenze (2, 8 %) gelegen. Man wird die verstärkte Kontrolle anwenden.

b) Der M. P. F. E. der von Y erhaltenen Rollen (nämlich 0, 51 %) ist unterhalb der unteren Grenze (0, 7 %) gelegen. Man wird die reduzierte Kontrolle anwenden.

c) Der M. P. F. E. der von Z erhaltenen Rollen (nämlich 2, 27 %) liegt zwischen den Grenzen von 0, 8 und 2, 7 %. Man kann also die normale Kontrolle anwenden.

Es muß allerdings beachtet werden, daß diese Schlüsse nur dann stichhaltig sind, wenn die Bedingungen des Abschnitts D erfüllt sind.

**D. Regeln für die Festsetzung, welche Kontrollart angewendet werden muß**

Die Regeln, die zu bestimmen ermöglichen, ob man die normale, die verstärkte oder die reduzierte Kontrolle anwenden soll, können in der nachfolgenden Tabelle zusammengefaßt werden (88):

---

[86]) Da das Q. N. der Rollen 2 % beträgt.

[87]) Da ihr M. P. F. E. auf 2200 Elementen aufgebaut ist.

[88]) Nach „Sampling Inspection" von Freeman, Friedman, Mosteller und Wallis. Copyrighted in 1948, Mc. Graw-Hill Book Company. Seite 125.

Tabelle   14

| Kontrollart: | Bedingungen,  unter denen die Kontrolle angewendet werden soll: |
|---|---|
| Normale Kontrolle | Solange der M. P. F. E. zwischen den oberen und unteren Grenzen der Tabelle V liegt. |
| Verstärkte Kontrolle | Wenn der M. P. F. E. gleich oder größer als die obere Grenze in der Tabelle V ist. |
| Nichtfortgeführte verstärkte Kontrolle und Rückkehr zur normalen Kontrolle | Wenn der M. P. F. E. sich verbessert und gleich oder kleiner als der größte der beiden Werte wird, die die Q. N. -Klasse, in der sich das für das Produkt festgesetzte Q. N. befindet, bestimmen. |
| Reduzierte Kontrolle | Wenn ALLE folgenden Bedingungen erfüllt sind: <br> (a) die letzten 20 Posten sind einer normalen Kontrolle unterworfen worden und keiner ist abgelehnt worden und <br><br> (b) der für die letzten 20 Posten berechnete M. P. F. E. ist gleich oder kleiner als die untere Grenze der Tabelle V; <br><br> (c) die Produktion schwankt nicht, d. h. es wird mit konstanter Geschwindigkeit produziert. |
| Nichtfortgeführte reduzierte Kontrolle und Rückkehr zur normalen Kontrolle für den nächsten Posten | Wenn irgendeine der folgenden Bedingungen erfüllt sind: <br> (a) ein Posten ist mit der reduzierten Kontrolle abgelehnt worden; <br><br> (b) der M. P. F. E. der reduzierten Kontrolle überschreitet den größten der zwei Werte, der die Q. N. -Klasse, in der sich das für das Produkt festgesetzte Q. N. befindet, bestimmen; <br><br> (c) die Produktion erfährt eine unnormal lange Unterbrechung. |

Wenn zwei oder mehr Fehlerkategorien existieren, dann fällt man für jede Fehlerkategorie GETRENNT eine Entscheidung. Man kann auch mit Rücksicht auf die reduzierte Kontrolle eine kombinierte Kontrolle anwenden: man verwendet die reduzierte Kontrolle nur, wenn ein vertretbarer Grund dafür existiert, daß eine solche Kontrolle für die Hauptfehler UND die Nebenfehler durchgeführt werden muß. Je nach Bedarf praktiziert man dann die nichtfortgeführte reduzierte Kontrolle, - entweder für die Hauptfehler oder für die Nebenfehler.

## 4. Voranschlag der Häufigkeit der Ablehnungen

Manchmal ist es interessant und nützlich, im voraus approximativen Bedacht auf den Prozentsatz der Posten zu nehmen, der wahrscheinlich abgelehnt werden wird. Wenn man den M. P. F. E. eines Produktes kennt und man ferner die O. C. des verwendeten Stichprobenplanes besitzt, kann man die Häufigkeit der abgelehnten Posten leicht veranschlagen.

So haben wir z. B. für die gebrauchten Garnrollen (Siehe Tabelle 10 auf Seite 76) einen M. P. F. E. von 3, 68 % erhalten. (Der Probenumfangsbuchstabe war J, das Q. N. 2 % und der Stichprobentyp doppelt.) Die O. C. dieses Stichprobenplanes (siehe Seite 50) zeigt, daß die Posten, die 3, 68 % fehlerhafte Elemente enthalten, zu 87 % abgenommen werden. Das bedeutet, daß 13 % der Posten abgelehnt werden.

Solche Voranschläge sind nur approximativ. Drei prinzipielle Fehlerursachen können hier dazwischentreten.

(a) Die veranschlagte Häufigkeit von (mit einem bestimmten Prozentsatz von fehlerhaften Elementen) abgenommenen Posten ist auf der Vermutung aufgebaut, daß der M. P. F. E. eine Serie von Posten mit einheitlicher Qualität vertritt (und nicht eine Serie von Posten, deren Qualität von Posten zu Posten variiert).

Wenn diese letzte Bedingung nicht erfüllt ist, kann der M. P. F. E. nicht als Grundlage für den Voranschlag dienen.

(b) Da der M. P. F. E. nur eine auf Proben aufgebaute Schätzung verkörpert, ist er Fehlern unterworfen. Daraus erklärt sich, daß jeder Voranschlag über Ablehnungen ebenfalls Fehlern unterworfen sein muß.

(c) Der Voranschlag der Ablehnungen ist auf der Vermutung aufgebaut, daß der Prozentsatz der fehlerhaften Elemente in der Zukunft gleichbleibt (wie in der nahen Vergangenheit). Wenn der Prozentsatz der fehlerhaften Elemente sich daher ändert, wird auch der Voranschlag der Ablehnungen nicht mehr vertretbar sein.

Von diesen drei Fehlerquellen ist die dritte die wichtigste. -

# 5. Eintragen der erhaltenen Ergebnisse

Wir werden diese Untersuchung über Abnahmestichproben mit der Vorführung von zwei Blättern zum Eintragen der erhaltenen Ergebnisse (89) abschließen.

## A. Eintragen von Ergebnissen in ein Ergebnis-Übersichts-Blatt

Die Ergebnisse der Abnahmestichprobe werden im allgemeinen auf Blätter eingetragen, die der Tabelle 15 sehr ähnlich sind. Diese Tabelle ermöglicht die Eintragung von sechs der Kontrolle unterworfenen Posten. Sie wird den folgenden Ausführungen gemäß ausgefüllt.

1) Name des Produkts: Eintragen der Bezeichnung des kontrollierten Produkts.

2) Fabrikationsnummer oder Nummer des Modells: Eintragen dieser Nummer oder jeder anderen Information, die zur raschen Identifizierung des Produkts dienen kann.

3) Augenblick der Kontrolle: Kennzeichnen des Augenblicks, an dem die Kontrolle durchgeführt werden muß (z. B. nach dem Polieren des Produkts).

4) Kontrolle durchgeführt gemäß: Eintragen der Nr. der Fehlerliste oder jedes anderen Dokuments, auf dem die Kontrolle der individuellen Elemente aufgebaut ist.

5) Posten erhalten von: Angabe der Herkunft des Produkts, das Lager, die Firma (Haus) oder die Fabrikationsabteilung, die das Produkt geliefert hat.

6) Datum der Kontrolle: Eintragen des Datums, an dem jeder Posten kontrolliert worden ist.

7) Nr. des kontrollierten Postens: Eintragen der Nr. jedes kontrollierten Postens.

8) Umfang des Postens: Eintragen der Anzahl von Elementen jedes Postens.

Die Felder 9) bis 12) werden für die Hauptfehler verwendet.

9) Stichprobentafel für die Hauptfehler: Übertragen der durch die Stichprobentafeln für die Hauptfehler gelieferten Daten (nämlich: Probenumfang, Abnahmezahl und Ablehnzahl.).

10) Elemente, die Hauptfehler aufweisen: Wenn jede Probe kontrolliert worden ist, vermerkt man die Summe der Elemente, die Hauptfehler aufweisen. Ein fehlerhaftes Element wird als EIN Fehler gerechnet, - gleichgültig, welches auch die Anzahl der aufgewiesenen Hauptfehler sei. Wenn ein Posten für die Hauptfehler abgenommen worden ist, macht man neben den Postenumfang, bei dem die Abnahme erfolgt ist, das Zeichen V. Wenn der Posten für die

---

89) Diese Modelle sind Auszüge aus Sampling Inspection. Seite 130 und 132.

**Tabelle 15**

**Ergebnis-Übersichtsblatt**

1) Name des Produkts:
2) Nr. der Fabrikation oder des Modells:
3) Augenblick der Kontrolle:
4) Kontrolle durchgeführt gemäß:
5) Posten erhalten von:

| 6) Datum der Kontrolle:<br>7) Nr. des Postens:<br>8) Umfang des Postens: | | | | | | | |
| --- | --- | --- | --- | --- | --- | --- | --- |
| 9) Stichprobentafel für<br>die Hauptfehler | | 10) Elemente, die Haupt-<br>fehler aufweisen | | | | | |
| Proben-<br>Umfang | Abnahme-<br>Zahl | Ablehn-<br>Zahl | An-<br>zahl | An-<br>zahl | An-<br>zahl | An-<br>zahl | An-<br>zahl | An-<br>zahl |
| | | | | | | | |
| 11) Gefundene Haupt-<br>fehlergattungen | | 12) Hauptfehler: | | | | | |
| | | An-<br>zahl | An-<br>zahl | An-<br>zahl | An-<br>zahl | An-<br>zahl | An-<br>zahl |
| | | | | | | | |
| 13) Stichprobentafel<br>für Nebenfehler | | 14) Elemente, die Neben-<br>fehler aufweisen | | | | | |
| Proben-<br>Umfang | Abnahme-<br>Zahl | Ablehn-<br>Zahl | An-<br>zahl | An-<br>zahl | An-<br>zahl | An-<br>zahl | An-<br>zahl | An-<br>zahl |
| | | | | | | | |
| 15) Gefundene Neben-<br>fehlergattungen | | 16) Nebenfehler: | | | | | |
| | | An-<br>zahl | An-<br>zahl | An-<br>zahl | An-<br>zahl | An-<br>zahl | An-<br>zahl |
| | | | | | | | |
| 17) Posten abgenommen ( )<br>oder abgelehnt ( ) | | | | | | | |

18) Zeichen des Prüfers:
19) Anmerkungen:

Hauptfehler abgelehnt worden ist, macht man neben den Postenumfang, bei dem die Ablehnung erfolgt ist, ein Kreuz und stellt die Kontrolle dieses Postens ein.

11) Gefundene Hauptfehler-Gattungen: Während der Kontrolle stellt man eine Liste von vorgefundenen Hauptfehlern auf (jede Fehlergattung trägt man hierbei in eine besondere Zeile ein).

12) Hauptfehler: Wenn man ein Element findet, das Hauptfehler enthält, notiert man es jeweils einmal für jeden Hauptfehler, den es aufweist. Wenn daher ein Element drei VERSCHIEDENE Hauptfehler aufweist, muß es dreimal eingetragen werden. Wenn dagegen ein Element drei Hauptfehler VON DER GLEICHEN ART aufweist, dann darf es nur einmal eingetragen werden.

Die Felder 13) bis 16) werden für die Nebenfehler verwendet: Ersetze "Haupt"- durch "Neben"- in den Punkten 9) bis 12).

17) Posten abgenommen oder abgelehnt: Eintragen des Ergebnisses: V für Abnehme und X für Ablehnung.

ANMERKUNG. - Wenn ein Posten eine anomal große Anzahl von Fehlern aufweist, muß die Ursache auf dem Blatt vermerkt werden, wenn sie bekannt ist. Wenn auf der Vorderseite nicht genügend Platz vorhanden ist, so notiert man auf der Rückseite einen entsprechenden Hinweis.

### B. Chronologische Eintragung der Qualität in eine Qualitäts-Liste

Zum chronologischen Eintragen der Qualität benützt man Blätter, die der Tabelle 16 sehr ähnlich sind.

Die Zeilen 1 bis 5 dieses Blattes sind die gleichen wie in Tabelle 15. Hier noch einige Erklärungen, die die anderen Zeilen betreffen.

6) Angewandter Stichprobenplan: Diese Felder dienen der Kennzeichnung der verwendeten Stichprobenpläne (d.h.: Q.N., Kontrollniveau und Kontrollart). Man muß jedesmal, wenn irgendeine Änderung des Stichprobenplanes eingetreten ist, eine neue Zeile beginnen. Unter "Kontrollart" trägt man ein: N für normale Kontrolle; Red. für reduzierte Kontrolle und Verst. für verstärkte Kontrolle.

7) und 8) Periode: Datum von Beginn und Ende der Periode, für die die Kontrollübersicht erstellt wurde.

9) und 10) Abgenommene Produktion: Eintragen der Anzahl von Posten und Elementen, die während dieser Periode abgenommen wurden.

11) und 12) Abgelehnte Produktion: Eintragen der Anzahl Posten und Elemente, die während dieser Periode abgelehnt wurden.

Von 13) bis 15) Anzahl Elemente, die in der ersten Probe jedes Postens enthalten sind.

13) Summe: Eintragen der Gesamtzahl der Elemente, die in der ersten Probe enthalten ist.

14) Ausschließlich (ex): Eintragen der Anzahl von Elementen der ersten Probe, die von der Berechnung des M. P. F. E. ausgeschlossen wurden, weil ihre Produktion unter anomalen Bedingungen stattgefunden hat.

15) Einschließlich (inkl.): Eintragen der Anzahl von Elementen der ersten Probe, die in die Berechnung des M. P. F. E. mit eingeschlossen worden ist.

16) Anzahl: Eintragen der Anzahl der hauptfehlerhaften Elemente. Nur fehlerhafte Elemente (die in den Proben gefunden wurden), die in die Berechnung des M. P. F. E. mit eingeschlossen worden sind, sind in Betracht zu ziehen.

17) M. P. F. E. : Angeben des M.P.F.E. der Hauptfehler. Es wird in Prozent ausgedrückt und auf folgende Weise berechnet:

$$\frac{\text{Ziffer von Feld 16}}{\text{Ziffer von Feld 15}} \cdot 100$$

18) und 19) Nebenfehler.

18) Anzahl: Eintragen der Anzahl der nebenfehlerhaften Elemente (die in den Proben gefunden wurden), die in die Berechnung des M. P. F. E. mit eingeschlossen wurden.

19) M. P. F. E. : Angeben des M. P. F. E. der Nebenfehler. Dieser wird auf folgende Weise berechnet:

$$\frac{\text{Ziffer von Feld 18}}{\text{Ziffer von Feld 15}} \cdot 100$$

20) Graphische Darstellung der Qualitätsüberprüfung:

Einzeichnen der Graphiken des M. P. F. E. Für die Hauptfehler bedient man sich einer ausgezogenen Kurve, einer punktierten für die Nebenfehler.

## Tabelle 16

**Chronologische Qualitätsliste**

1) Name des Produkts:        2) Modell:

3) Augenblick der Kontrolle:     5) Posten erhalten durch:

4) Kontrolle durchgeführt gemäß:

---

6) Angewandter Stichprobenplan:

| Datum | Qualitätsniveau Haupt-Neben-QN | | Kontrollniveau (K.N.) | Kontrollart Haupt | Neben |
|---|---|---|---|---|---|
|  |  |  |  |  |  |

| Periode | | Originär kontrollierte Posten | | | | | | | | | | |
|---|---|---|---|---|---|---|---|---|---|---|---|---|
| von | bis | Produktion abgenomm. | | Produktion abgelehnt | | Elemente i. d. 1. Pr. | | | Hauptfehler Anz. | MPFE | Nebenfehler Anz. | MPFE, |
|  |  | Post | Elem. | Post. | Elem. | S | ex. | inkl. |  |  |  |  |
| 7) | 8) | 9) | 10) | 11) | 12) | 13) | 14) | 15) | 16) | 17) | 18) | 19) |
|  |  |  |  |  |  |  |  |  |  |  |  |  |

20) Graphische Darstellung der Qualitätsüberprüfung
   ( = M.P.F.E. in % fehlerhafter Elemente)

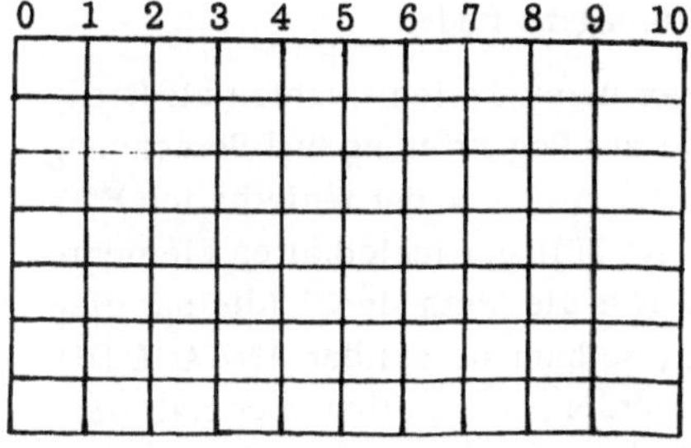

————————— M.P.F.E. der Hauptfehler

- - - - - - - - M.P.F.E. der Nebenfehler

# Vierter Teil

# Kontrollstichprobe:<br>Stichprobenmethode durch Rechnungsführung

## 1. Einleitung

Wir haben gesehen, daß sich die attributiven Stichproben (90) in zwei große Gruppen unterteilen lassen:

I) Die Abnahmestichprobe, die im vorigen Kapitel dargelegt wurde, und
II) die Kontrollstichprobe.

Wir zeigen in diesem Kapitel, wie die Abnahmestichprobe durch Abänderung als Kontrollstichprobe verwendet werden kann.

Die Abnahmestichprobe hat die Entscheidung über Abnahme oder Ablehnung eines Produkts (was seine Qualität betrifft) zum Hauptziel.

Die Kontrollstichprobe dagegen ermöglicht:
(a) das Q. N. eines Produktes schnell zu erfassen;

(b) die Entwicklung dieses Q. N. zu kontrollieren;

(c) das Funktionieren von Maschinen zu kontrollieren;

(d) die Fabrikationsverfahren zu kontrollieren.

In den letzten drei Fällen besteht die Rolle des Betriebsstatistikers nur im Aufzeigen, ob das Funktionieren der Maschinen oder das Fabrikationsverfahren gut oder schlecht ist. Nur dem Techniker kann die Rolle zufallen, die Ursachen der Fehler und die Mittel ihrer Beseitigung zu finden.

Die Methoden C, P und C', die wir jetzt vorführen wollen, werden als Rechnungsführungsstichprobe bezeichnet, weil sie zur Registrierung und Berechnung von Fakten dienen. Die Methode C baut auf der ANZAHL der fehlerhaften Elemente auf, während die Methode P auf dem ANTEIL der fehlerhaften Elemente (der in einer Probe enthalten ist) basiert. Was die Methode C' (die nur eine Abart der Methode C darstellt) anbelangt, so baut sie auf der ANZAHL DER FEHLER auf, die in jeder Probe gefunden werden. Wir wollen nochmals darauf hinweisen, daß wir immer noch im Gebiet der attributiven Stichproben

---

<sup>90</sup>) Qualitative Merkmale.

verbleiben. Folglich können wir die hier behandelten Tatbestände ebenfalls nur in zwei Kategorien klassifizieren, nämlich in: gute und schlechte (91).

Diese drei Methoden, - wie übrigens jede Kontrollstichprobe, gleichgültig ob sie auf Attributen oder Variablen (91) aufbaut, - verlangen die Anwendung von KONTROLLKARTEN. Die Kontrollkarte kann mit der Fieberkurve eines Kranken verglichen werden. Beide haben den gleichen Zweck, nämlich: Aufzeigen der Entwicklung eines Phänomens und Schaffen von Abhilfe, wenn dies notwendig sein sollte. In gleicher Weise wie ein Arzt die Fieberkurve des Patienten um Rat fragt, und auf diese Art die Entwicklung der Krankheit verfolgt, - liest auch der Fabrikationschef auf der Kontrollkarte die Entwicklung der Qualität der erzeugten Produkte oder die des Funktionierens der Maschinen ab.

Die Kontrollkarten weisen große Vorteile auf. Sie ermöglichen besonders:

- den Ausschuß und die Abfälle zu verringern;

- jede Störung der Maschinen oder des Fabrikationsprozesses aufzuklären;

- die Störungen vorherzusagen. Dieser Vorgriff ermöglicht, die Abfälle und Arbeitsunterbrechungen zu verringern und infolgedessen .....

- die Produktionskosten zu senken;

- solide Grundlagen zur Erreichung oder Abänderung der geforderten Spezifikationen zu schaffen;

- die bedeutsamen Ursachen von den zufälligen Ursachen der Abweichungen zu unterscheiden.

Ferner geben die Kontrollkarten:

- eine laufende Information über die Qualität;

- Grundlagen zur Einschränkung der zufälligen Abweichungen des Produkts, also eine größere Homogenität der Produkte;

- eine Abnahmegrundlage des Produkts für den Käufer;

- ein größeres Vertrauen in die Kontrollergebnisse, die dann unter den Produktionsverantwortlichen diskutiert werden können.

Schließlich rufen sie im allgemeinen bei all denen eine psychologische Wirkung hervor, die von der Qualitätskontrolle ergriffen werden.

Die Kontrollkarten der Rechnungsführungsstichprobenmethoden werden im all-

---

91) Im nächsten Kapitel werden wir andere Kontrollstichproben-Methoden vorführen, die im Gegensatz dazu auf den Variablen aufbauen.

gemeinen auf den zum Mittelwert verschmolzenen Daten der einfachen Stichprobe errichtet. Dieser Stichprobentyp weist den Vorteil auf, daß er nur auf einer einzigen Probe mit großem Umfange aufgebaut ist, was die Bestimmung der Qualität erleichtert.

## 2. Methode C, aufgebaut auf der Anzahl der fehlerhaften Elemente, die in den Proben enthalten sind (Ausschußanzahl)

### A. Anwendungsgebiet

Die Methode C wendet man in folgenden Fällen an:

(a) wenn die im Produkt enthaltene Anzahl der fehlerhaften Elemente niedriger als 5 % ist (92);

(b) wenn die Maschinenfunktionen keinen großen Abweichungen unterworfen sind;

(c) wenn für alle kontrollierten Posten der Probenumfang ungefähr der gleiche ist.

Wenn sie der Bestimmung dienen, ob eine verbessernde Aktion auf das Funktionieren einer Maschine oder auf ein Fabrikationsverfahren vorgenommen werden soll, so führt die Methode C sowie die Methode P schneller zum Ziel als das Überprüfen der durch die Abnahmestichprobe erhaltenen Ergebnisse.

Jede Kontrollstichprobe verlangt die Anwendung von Daten-Karten und Kontrollkarten. Die Daten-Karte enthält alle zur Ausfüllung der Kontrollkarte notwendigen Informationen. Letztere kann als eine Art graphische Darstellung der Qualität des Produkts angesehen werden.

### B. Daten-Karte

Außer den allgemeinen Informationen hinsichtlich des Produkts und der Kontrollmethode enthält die Daten-Karte:

(a) die Ordnungszahl der Posten (k);

(b) das Produktionsdatum, wenn es sich um selbst hergestellte Produkte und die Nummer des Ergebnis-Blattes, wenn es sich um Posten handelt, die mit Hilfe der Abnahmestichprobe kontrolliert wurden.

---

92) Auch als Ausschußanzahl bezeichnet.
S. h. P. Leinweber: Statistische Verfahren im Fabrikbetrieb. (Deutscher Normenausschuß) Beuth-Vertrieb Berlin und Köln, 1951, Seite 21 ff.
Ferner: Graf-Henning: Statistische Methoden a.a.O. Seite 229 ff.
Derselbe: Formeln und Tabellen a.a.O. Seite 49 ff.

94

## Tabelle 17

### Datenkarte, Methode C

Nr. 38

Fabrik:  
Produkt: Eisenröhren  
Kontrolliertes Merkmal:     Durchmesser  
Kontrollmethode:     Eichmaß

Periode: vom 2. I. bis 10. II. 19..  
Element: eine Röhre

"geht durch, geht nicht durch"

| Posten Nr. | Datum der Produktion oder Ergebnisblatt Nr. | Postenumfang | Umfang der ersten Probe | Anzahl der fehlerhaften Elemente, die in der 1. Probe gefunden werden | Bemerkungen |
|---|---|---|---|---|---|
| k |  | N | n | c |  |
| 1. | Januar  2 | 2500 | 150 | 2 |  |
| 2. | 3 | 2400 | 150 | 1 |  |
| 3. | 4 | 2550 | 150 | 4 |  |
| 4. | 5 | 2300 | 150 | 6 |  |
| 5. | 6 | 2500 | 150 | 0 |  |
| 6. | 9 | 2600 | 150 | 0 |  |
| 7. | 10 | 2450 | 150 | 3 |  |
| 8. | 11 | 2500 | 150 | 5 |  |
| 9. | 12 | 2500 | 150 | 3 |  |
| 10. | 13 | 2500 | 150 | 1 |  |
| 11. | 16 | 2500 | 150 | 2 |  |
| 12. | 17 | 2600 | 150 | 1 |  |
| 13. | 18 | 2450 | 150 | 0 |  |
| 14. | 19 | 2500 | 150 | 4 |  |
| 15. | 20 | 2400 | 150 | 0 |  |
| 16. | 23 | 2500 | 150 | 3 |  |
| 17. | 24 | 2500 | 150 | 6 |  |
| 18. | 25 | 2400 | 150 | 2 |  |
| 19. | 26 | 2500 | 150 | 0 |  |
| 20. | 27 | 2450 | 150 | 2 |  |
| 21. | 30 | 2550 | 150 | 3 |  |
| 22. | 31 | 2500 | 150 | 11 | anomal |
| 23. | Februar 1 | 2550 | 150 | 1 |  |
| 24. | 2 | 2500 | 150 | 0 |  |
| 25. | 3 | 2500 | 150 | 2 |  |
| 26. | 6 | 2450 | 150 | 3 |  |
| 27. | 7 | 2500 | 150 | 0 |  |
| 28. | 8 | 2450 | 150 | 5 |  |
| 29. | 9 | 2500 | 150 | 1 |  |
| 30. | 10 | 2500 | 150 | 4 |  |
| Summe ($\Sigma$)· |  |  | 4500 | 75 |  |

$$\bar{c} = \frac{\Sigma c}{k} = \frac{75}{30} = 2,50 \qquad \text{V.G.} = \bar{c} \pm 3\sqrt{\bar{c}}$$

$$\text{O. V. G.} = 2,50 + 3\sqrt{2,50} = 7,24$$

$$\text{U. V. G.} = 2,50 - 3\sqrt{2,50} = 0$$

(c) der Postenumfang (N);

(d) der Probenumfang (n );

(e) die Anzahl der in den Proben gefundenen fehlerhaften Elemente oder Aus-
schußzahlen c.

Der Fuß der Karte ist für die zur Aufstellung der Kontrollkarte notwendigen
Formeln reserviert.

Wenn man eine bestimmte Anzahl von Proben (im allgemeinen 25 bis 30) kontrolliert hat, werden die Daten der Karte analysiert, um Informationen über
das Q. N., über das Funktionieren der Maschinen oder Fabrikationsverfahren zu
bekommen. Diese Analyse wird mit Hilfe der Kontrollkarte durchgeführt.

Nehmen wir ein Beispiel.

Gegeben sei eine Daten-Karte (Tabelle 17), welche die Anzahl der fehlerhaften Elemente anzeigt, die in der ersten Probe von 30 Posten gefunden werden. Vor der objektiven Entscheidung, ob die Anzahl der fehlerhaften Elemente normal oder anomal ist, muß man das laufende Q. N. bestimmen. Man
wird schließlich Vergleiche durchführen können und den Gang der Maschinen
und das Fabrikationsverfahren kontrollieren.

Zur Messung des laufenden Q. N. bestimmt man die mittlere ANZAHL der fehlerhaften Elemente $\bar{c}$ in den Proben vom Umfange n ; $\bar{c}$ wird als normale laufende Qualität angesehen. Zur Bestimmung, ob das Fabrikationsverfahren oder
das Funktionieren einer Maschine normal ist, wird es ausreichen, die Anzahl
fehlerhafter Elemente c, mit $\bar{c}$ zu vergleichen. Hier also greift die Kontrollkarte ein.


## C. Kontroll-Karte

Die Kontrollkarte der Methode C ist eine graphische Darstellung der Entwicklung der Anzahl der fehlerhaften Elemente in den ersten Proben. Man zeichnet parallel der Abszissenachse eine Gerade, deren Ordinate dem laufenden
Q. N., d. h. $\bar{c}$ entspricht. Diese Gerade gibt eine befriedigende Auskunft über
die Qualität des Produktes (93).

Wenn wir die durch die Daten-Karte der Tabelle 17 gelieferten Ziffern heran-
ziehen, dann finden wir, daß in den 30 ersten Proben 75 fehlerhafte Elemente ausgewiesen werden.

Da

$$\bar{c} = \frac{\text{Anzahl der fehlerhaften Elemente, die in den ersten Proben gefunden werden}}{\text{Anzahl der ersten Proben}} = \frac{\Sigma c}{k} \qquad (1)$$

---

93) Siehe hierzu Zeichnung Nr. 3.

finden wir für die mittlere Ausschußzahl:

$$\overline{c} = \frac{75}{30} = 2,50$$

Parallel der $\overline{c}$ - Achse, zeichnet man auf jeder Seite VERTRAUENSGRENZEN (V. G. ) ein; eine UNTERE VERTRAUENSGRENZE (U. V. G. ) und eine OBERE VER-TRAUENSGRENZE (O. V. G.). Jede Variation der Anzahl von fehlerhaften Ele - menten pro Probe ZWISCHEN diesen Vertrauensgrenzen kennzeichnet, daß die-se Variation dem Zufall entspringt. Wenn dagegen ein Punkt AUSSERHALB der Vertrauensgrenzen zu liegen kommt, so zeigt dies an, daß sich das Q. N. un-ter dem Einfluß einer bedeutsamen Ursache ändert. Bei letzterem kann es sich sowohl um die Regulierung der Maschine, um den Fabrikationsprozess, als auch um verwendete Rohstoffe handeln (94).
Wo soll man die Vertrauensgrenzen setzen?

Folgende Formeln ermöglichen ihre Berechnung:

$$O. V. G. \quad = \quad \overline{c} \ + \ 3 \sqrt{\overline{c} \ (1 - \frac{\overline{c}}{\overline{n}})} \qquad (2)$$

$$U. V. G. \quad = \quad \overline{c} \ - \ 3 \sqrt{\overline{c} \ (1 - \frac{\overline{c}}{\overline{n}})} \qquad (3)$$

$\overline{n}$ verkörpert hier den mittleren Probenumfang und $\overline{c}$ die mittlere Anzahl der fehlerhaften Elemente (95).

Im allgemeinen haben alle Proben den gleichen Umfang (96).

Wenn die U. V. G. negativ oder gleich null ist, so bedeutet das, daß es keine untere Vertrauensgrenze gibt.

Wenn der mittlere Prozentsatz der fehlerhaften Elemente indessen klein ist (97), und wenn der Umfang aller Proben identisch ist, dann können, - da der Ausdruck $(1 - \frac{\overline{c}}{\overline{n}})$ so nahe der Eins ist, daß man die Gleichung: $1 - \overline{c} / \overline{n} = 1$ aufstel-len kann, - folgende Formeln angewendet werden:

$$O. V. G. = \overline{c} + 3 \sqrt{\overline{c}} \qquad (4)$$

$$U. V. G. = \overline{c} - 3 \sqrt{\overline{c}} \qquad (5)$$

Diese beiden Formeln werden in der Praxis fast immer verwendet.

Ein Fabrikationsprozess ist schlecht oder eine Maschine ist nicht richtig einge-stellt, wenn zu irgendeinem Zeitpunkt die Anzahl der fehlerhaften Elemente d.h. die Ausschußzahl, in einer Probe vom Umfange n, außerhalb der Ver-trauensgrenzen zu liegen kommt.

⁹⁴) Man wird auf den Seiten 111 ff. umfangreichere Einzelheiten über den Gegenstand der Vertrauensgrenzen vorfinden.
⁹⁵) Die in diesen Proben enthalten sind.
⁹⁶) D. h. $\overline{n} = n$.
⁹⁷) Nach unserer Ansicht kleiner als 5 %, obgleich die amerikanischen Statistiker bis 10 % zulassen.

### Zeichnung 3

**Kontrollkarte, Methode C**

(siehe Daten-Karte Nr. 38, Tabelle 17, Seite 95)

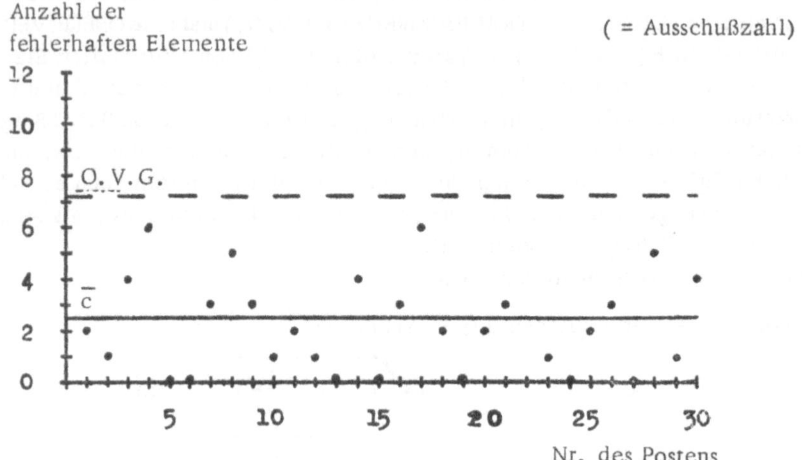


Nehmen wir unser Beispiel wieder auf; wir haben für die mittlere Ausschußanzahl gefunden:

$$\overline{c} = 2,50$$

$$\text{O. V. G.} = 2,50 + 3\sqrt{2,50} = 7,24$$

da $2,50 - 3\sqrt{2,50}$ negativ ist, haben wir keine U.V.G. (98).

Wir sind jetzt in der Lage, die auf diesen Ergebnissen aufbauende Kontrollkarte anzulegen. Auf dieser Kontrollkarte können wir die in jeder Probe gefundene Anzahl fehlerhafter Elemente eintragen, die zur Berechnung von $\overline{c}$ gedient hat (99).

Wir sehen, daß die Probe des Postens 22 außerhalb der Vertrauensgrenzen liegt.
Sie weist mehr fehlerhafte Elemente auf, als der Zufall hervorgerufen haben
kann. Der Techniker muß daher die Ursachen dieser Anomalie suchen und wenn
möglich auch die Mittel zu ihrer Abhilfe finden (100).

Wenn man die bedeutsame Ursache des Postens 22 gefunden hat, und wenn ihre
Eliminierung möglich ist, muß man für die O.V.G. und die U.V.G. neue
Werte berechnen (101).

---

98) Wenn man die allgemeineren Formeln (2) und (3) verwendet, findet man: O. V. G.
7,21; U. V. G. O.

99) Und zwar bevor man die Ergebnisse der folgenden Stichprobe aufzeigt.

100) Z. B. schlechte Rohstoffe, durch Arbeiter verursachte Fehler, unregulierte Maschinen,
Wechsel des Fabrikationsverfahrens usw.

101) Die anormale Probe darf zur Berechnung nicht herangezogen werden.

Man erhält:

$$\bar{c} = \frac{64}{29} = 2,207$$

$$O.V.G. = 2,207 + 3\sqrt{2,207} = 6,665$$

eine U.V.G. gibt es nicht.

Für den späteren Gebrauch müssen wir noch eine neue Kontrollkarte anlegen.

Nur die anomalen Daten, deren bedeutsame Ursache und Abhilfemittel wir finden konnten, müssen von der Berechnung des c und der Vertrauensgrenzen ausgeschlossen werden.

### 3. Methode P, aufgebaut auf dem Anteil der fehlerhaften Elemente, die in den Proben enthalten sind (Ausschußanteil)

**A. Anwendungsgebiet**

Die Methode P wird im allgemeinen in drei Fällen angewendet:

(a) Wenn der Anteil der fehlerhaften Elemente in einem Produkt größer als 5 % ist (102);

(b) wenn sich der Probenumfang von Probe zu Probe ändert;

(c) wenn die Q.N.s verschiedener Produkte oder Fabrikationsverfahren miteinander verglichen werden sollen.

Während die Methode C auf der Anzahl der in den Proben enthaltenen fehlerhaften Elemente basiert, ist die Methode P auf dem ANTEIL der in den Proben enthaltenen fehlerhaften Elemente aufgebaut.

**B. Daten-Karte**

Diese Daten-Karte (Tabelle 18) ist dem für die Berechnung des M.P.F.E. verwandten Blatt sehr ähnlich. Auf der Anzahl der in jeder Probe gefundenen fehlerhaften Elemente als Grundlage, bestimmt man den Anteil der fehlerhaften Elemente p, der in diesen Proben enthalten ist.

$$p = \frac{\text{Anzahl der in der Probe gefundenen fehlerhaften Elemente}}{\text{Probenumfang}}$$

$$= \frac{c}{n} = \text{Ausschußanteil} \qquad (6)$$

---

102) Kann auch als Ausschußanteil bezeichnet werden. S. h.: P. Leinweber: a. a. O., S. 22 ff. Graf-Henning: Stat. Methoden (a. a. O.), S. 232 ff. Derselbe: Formeln und Tabellen (a. a. O.), S. 49 ff.

Fabrik:                                Periode: vom 2. I. bis 10. II. 19..
Produkt: Eisenröhren                   Element: eine Röhre
Kontrolliertes Merkmal:                Durchmesser
Kontrollmethode:                       Eichmaß "geht durch, geht nicht durch".

| Posten Nr. | Datum der Produktion oder Ergebnisblatt Nr. | Postenumfang | Umfang der ersten Probe | Anteil der fehlerhaften Elemente, die in der 1. Probe gefunden werden | | Bemerkungen |
| --- | --- | --- | --- | --- | --- | --- |
| | | | | -Anzahl- | -Anteil- | |
| k | | N | n | c | p | |
| 1. | Januar  2 | 10000 | 300 | 16 | 0,053 | |
| 2. | 3 | 9950 | 300 | 18 | 0,060 | |
| 3. | 4 | 10150 | 300 | 23 | 0,077 | |
| 4. | 5 | 10200 | 300 | 28 | 0,093 | |
| 5. | 6 | 10350 | 300 | 19 | 0,063 | |
| 6. | 9 | 10500 | 300 | 17 | 0,057 | |
| 7. | 10 | 10150 | 300 | 9 | 0,030 | |
| 8. | 11 | 10000 | 300 | 21 | 0,070 | |
| 9. | 12 | 9800 | 300 | 19 | 0,063 | |
| 10. | 13 | 10300 | 300 | 16 | 0,053 | |
| 11. | 16 | 10000 | 300 | 18 | 0,060 | |
| 12. | 17 | 9900 | 300 | 17 | 0,057 | |
| 13. | 18 | 9950 | 300 | 22 | 0,073 | |
| 14. | 19 | 9950 | 300 | 27 | 0,090 | |
| 15. | 20 | 10050 | 300 | 14 | 0,047 | |
| 16. | 23 | 9800 | 300 | 15 | 0,050 | |
| 17. | 24 | 10400 | 300 | 19 | 0,063 | |
| 18. | 25 | 10250 | 300 | 12 | 0,040 | |
| 19. | 26 | 10500 | 300 | 18 | 0,060 | |
| 20. | 27 | 10000 | 300 | 20 | 0,067 | |
| 21. | 30 | 9950 | 300 | 13 | 0,043 | |
| 22. | 31 | 10000 | 300 | 18 | 0,060 | |
| 23. | Februar  1 | 10450 | 300 | 24 | 0,080 | |
| 24. | 2 | 10050 | 300 | 14 | 0,047 | |
| 25. | 3 | 10000 | 300 | 15 | 0,050 | |
| 26. | 6 | 9900 | 300 | 24 | 0,080 | |
| 27. | 7 | 9950 | 300 | 17 | 0,057 | |
| 28. | 8 | 10000 | 300 | 26 | 0,087 | |
| 29. | 9 | 10050 | 300 | 17 | 0,057 | |
| 30. | 10 | 10100 | 300 | 20 | 0,067 | |
| Summe ($\Sigma$ ) | | | 9000 | 556 | | |

$$\hat{p} = \frac{\Sigma c}{\Sigma n} = \frac{556}{9000} = 0,062 \qquad \hat{n} = \frac{\Sigma n}{k} = \frac{9000}{30} = 300$$

$$\text{V.G.} = \hat{p} \pm 3\sqrt{\frac{\hat{p}(1-\hat{p})}{\hat{n}}} \qquad 3\sqrt{\frac{0,062 \cdot (1-0,062)}{300}} = 0,042$$

$$\text{O.V.G.} = 0,062 + 0,042 = 0,104$$

$$\text{U.V.G.} = 0,062 - 0,042 = 0,020$$

Wenn p für ungefähr dreißig Proben berechnet worden ist, rechnet man den mittleren Prozentsatz der fehlerhaften Elemente (von den in Betracht gezogenen Proben) aus.

$$\bar{p} = \frac{\text{Summe der in den Proben gefundenen fehlerhaften Elemente}}{\text{Summe der Elemente, die die Proben formen}} = \frac{\leqslant c}{\leqslant n} \tag{7}$$

Wenn alle Proben den gleichen Umfang haben, kann man für den mittleren Ausschußanteil schreiben (103) :

$$\bar{p} = \frac{\bar{c}}{\bar{n}}$$

Jetzt kann man den Anteil der fehlerhaften Elemente p irgendeiner Probe mit $\bar{p}$ vergleichen. Wenn er außerhalb der Vertrauensgrenzen zu liegen kommt, beweist das, daß eine bedeutsame Ursache auf die Fabrikation einwirkt.

Die Anzahl der in einer Probe enthaltenen fehlerhaften Elemente (Methode C) ist selbstredend viel leichter zu bestimmen als der mittlere Anteil der fehlerhaften Elemente (Methode P). Trotzdem wird die Methode P in der Industrie oft verwendet (104).

## C. Kontroll-Karte

Das Anlegen der Kontrollkarte führt man wie folgt durch:

Zuerst bestimmt man den Wert für $\bar{p}$ nach den Angaben der Daten-Karte. Dieser Wert wird herangezogen, um versuchsweise den mittleren Anteil der fehlerhaften Elemente (der als normal zu betrachten ist) zu repräsentieren.

In unserem Beispiel finden wir:

$$\bar{p} = \frac{556}{9000} = 0,0618 = 0,062$$

Dieser Wert $\bar{p}$ ist auf Zeichnung 4 eingetragen; er repräsentiert die Hauptachse des Diagramms.

Jetzt wollen wir die Vertrauensgrenzen berechnen, die wir durch die folgenden Formeln erhalten:

$$O.V.G. = \bar{p} + 3\sqrt{\frac{\bar{p}\,(1-\bar{p})}{\bar{n}}} \tag{9}$$

$$U.V.G. = \bar{p} - 3\sqrt{\frac{\bar{p}\,(1-\bar{p})}{\bar{n}}} \tag{10}$$

$\bar{n}$ verkörpert hierbei den mittleren Probenumfang.

<hr>

103) Wir wollen hier mitteilen, daß der M. P. F. E., den wir früher verwandt haben, nichts anderes darstellt als p · 100. Wir können schreiben:

$$M.\ P.\ F.\ E. = \frac{100 \cdot c}{n}$$

<hr>

104) Zur Durchführung von Vergleichen zwischen den Q. N.'s oder bei vorliegenden starken Änderungen des Probenumfanges.

Wenn der aus der Formel (10) erhaltene Wert negativ oder gleich null ist, haben wir keine untere Vertrauensgrenze (U. V. G.).

In unserem Beispiel erhalten wir:

$$\text{O. V. G.} = 0,062 + 3\sqrt{\frac{0,062\,(\,1 - 0,062\,)}{300}} = 0,104$$

$$\text{U. V. G.} = 0,062 - 3\sqrt{\frac{0,062\,(\,1 - 0,062\,)}{300}} = 0,020$$

Diese Vertrauensgrenzen sind auf der Kontrollkarte einzuzeichnen (105). Wenn wir nun die Werte der 30 Proben für $\overline{p}$ eintragen, so sehen wir, daß die Punkte zwischen den Vertrauensgrenzen liegen. Die Produktion ist demnach unter Kontrolle.

ANMERKUNG :
Die Bestimmung der Vertrauensgrenzen erfordert verhältnismäßig lange und komplizierte Berechnungen.

Mit Hilfe der Tabelle IV (im Anhang) können diese Berechnungen stark vereinfacht werden. Diese Tabelle (mit doppeltem Eingang) weist den Wert für:

$$3\sqrt{\overline{p}\,\frac{(1 - \overline{p}\,)}{\overline{n}}}$$

in Funktion der Werte von $\overline{n}$ und $\overline{p}$ aus. Sie ist auf vier Dezimale genau berechnet, damit für die Werte $\overline{p}$ und $\overline{n}$, die nicht vertafelt sind, die Interpolation ermöglicht wird.

Zeichnung 4.

Kontrollkarte, Methode P

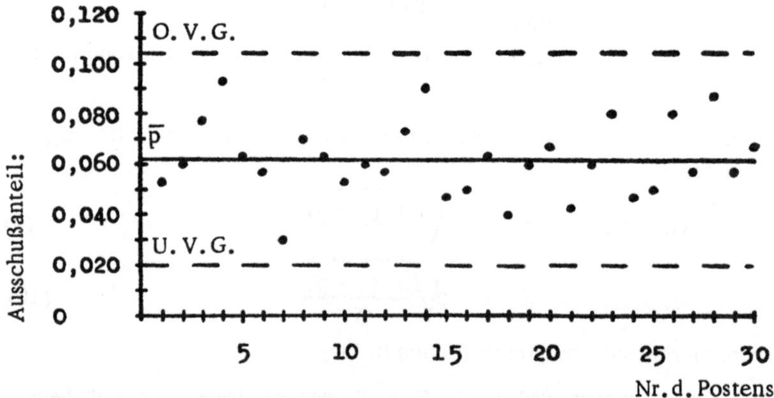


Im obigen Beispiel ist $\overline{n} = 300$ und $\overline{p} = 0,062$.

---

105) Über und unter der $\overline{p}$-Achse.

106) Siehe hierzu die Daten-Karte Nr. 39, Tabelle 18 auf Seite 100.

102

Die Tafel VI zeigt bei einem Probenumfang von 300 und einem $\bar{p} = 0,06$ bzw. $\bar{p} = 0,07$, den Wert für

$$3\sqrt{\frac{\bar{p}(1-\bar{p})}{\bar{n}}}$$

mit 0,0411 bzw. 0.0442. Für $\bar{p} = 0,062$ findet man durch Interpolation rasch: 0,0417; - in unserer Berechnung auf der Daten-Karte Nr. 39 hatten wir 0,042 hierfür gefunden.

## D. Kontrollkarten von Proben mit unterschiedlichem Umfang

Die Formeln (9) und (10) ermöglichen zwar, die Vertrauensgrenzen zu lokalisieren, aber über den genauen Umfang jeder Probe legen sie keine Rechenschaft ab. Wenn die Probenumfänge (d.h. n) sich von Posten zu Posten nur wenig ändern, sind diese genau genug. Es kann jedoch vorkommen, daß die Werte für n sich vom mittleren Umfange $\bar{n}$ um mehr als 20 % unterscheiden. In diesem Falle berechnet man für jede Probe die Vertrauensgrenzen getrennt. Wenn zwei oder mehr Proben Umfänge aufweisen, die zwar 20 % oder mehr von $\bar{n}$, unter sich aber nur um einen kleineren Anteil abweichen, können die V.G. mit Hilfe ihres mittleren Umfanges berechnet werden (107).

Hier ein Beispiel einer Kontrollkarte von Proben mit verschiedenem Umfange.

Die Daten-Karte (Tabelle 19) ermöglicht die 30 Punkte, die die Qualität der geprüften Posten repräsentieren, auf der Kontrollkarte einzutragen.

Mit Hilfe der Formel (7) erhalten wir:

$$\bar{p} = 0,034$$

Berücksichtigen wir die verschiedenen Probenumfänge nicht, so geben uns die Formeln (9) und (10) folgende Vertrauensgrenzen:

$$\text{O.V.G.} = 0,063$$
$$\text{U.V.G.} = 0,005$$

Diese tragen wir in Zeichnung 5 ein. Man sieht unmittelbar, daß die Proben Nr. 4, 12, 14 und 25 entweder auf einer V.G. oder außerhalb der V.G. zu liegen kommen. Das läßt vermuten, daß diese Posten außer Kontrolle sind.

---

107) Die Tabelle VI ist so eingerichtet worden, daß die Werte von n höchstens um 20 % abweichen dürfen.

**Tabelle 19**

**Datenkarte, Methode P**

Nr. 40

Fabrik:  Periode: 2. I. bis 10. II. 19..
Produkt: Stahlrollen  Element: eine Rolle
Kontrolliertes Merkmal:  Durchmesser
Kontrollmethode: Eichmaß: "geht durch oder geht nicht durch".

| Posten Nr. | Datum der Produktion oder Ergebnisblatt Nr. | Posten-umfang | Umfang der ersten Probe | Anteil der fehlerhaften Elemente, die in der 1. Probe gefunden werden | | Bemer-kungen |
|---|---|---|---|---|---|---|
| | | | | - Anzahl - | - Anteil - | |
| $k$ | | $N$ | $n$ | $c$ | $p$ | |
| 1. | Januar 2 | 3000 | 150 | 7 | 0,047 | |
| 2. | 3 | 9100 | 300 | 8 | 0,027 | |
| 3. | 4 | 8900 | 300 | 6 | 0,020 | |
| 4. | 5 | 3100 | 150 | 11 | 0,073 | |
| 5. | 6 | 9000 | 300 | 14 | 0,047 | |
| 6. | 9 | 23000 | 750 | 24 | 0,032 | |
| 7. | 10 | 9050 | 300 | 9 | 0,030 | |
| 8. | 11 | 8850 | 300 | 13 | 0,043 | |
| 9. | 12 | 12050 | 450 | 16 | 0,036 | |
| 10. | 13 | 13000 | 450 | 11 | 0,024 | |
| 11. | 16 | 8950 | 300 | 12 | 0,040 | |
| 12. | 17 | 2950 | 150 | 0 | 0 | |
| 13. | 18 | 3000 | 150 | 5 | 0,033 | |
| 14. | 19 | 3150 | 150 | 10 | 0,067 | |
| 15. | 20 | 9150 | 300 | 11 | 0,037 | |
| 16. | 23 | 8900 | 300 | 8 | 0,027 | |
| 17. | 24 | 9000 | 300 | 9 | 0,030 | |
| 18. | 25 | 12100 | 450 | 19 | 0,042 | |
| 19. | 26 | 12350 | 450 | 20 | 0,044 | |
| 20. | 27 | 11900 | 450 | 13 | 0,029 | |
| 21. | 30 | 9050 | 300 | 10 | 0,033 | |
| 22. | 31 | 9000 | 300 | 14 | 0,047 | |
| 23. | Februar 1 | 8900 | 300 | 7 | 0,023 | |
| 24. | 2 | 22500 | 750 | 25 | 0,033 | |
| 25. | 3 | 8900 | 300 | 19 | 0,063 | |
| 26. | 6 | 9150 | 300 | 6 | 0,020 | |
| 27. | 7 | 12000 | 450 | 17 | 0,038 | |
| 28. | 8 | 11900 | 450 | 5 | 0,011 | |
| 29. | 9 | 8800 | 300 | 8 | 0,027 | |
| 30. | 10 | 9050 | 300 | 11 | 0,037 | |
| Summe ($\Sigma$): | | | 10200 | 348 | | |

$$\hat{p} = \frac{\Sigma c}{\Sigma n} = \frac{348}{10200} = 0,034 \qquad \hat{n} = \frac{\Sigma n}{k} = \frac{10200}{30} = 340$$

$$V.G. = \hat{p} \pm 3\sqrt{\frac{\hat{p}(1-\hat{p})}{\hat{n}}} \qquad 3\sqrt{\frac{0,034(1-0,034)}{340}} = 0,029$$

$$O.V.G. = 0,034 + 0,029 = 0,063$$

$$U.V.G. = 0,034 - 0,029 = 0,005$$

**Kontrollkarte, Methode P (V. G. fest)**

(siehe Daten-Karte Nr. 40, Tabelle 19, Seite 104)

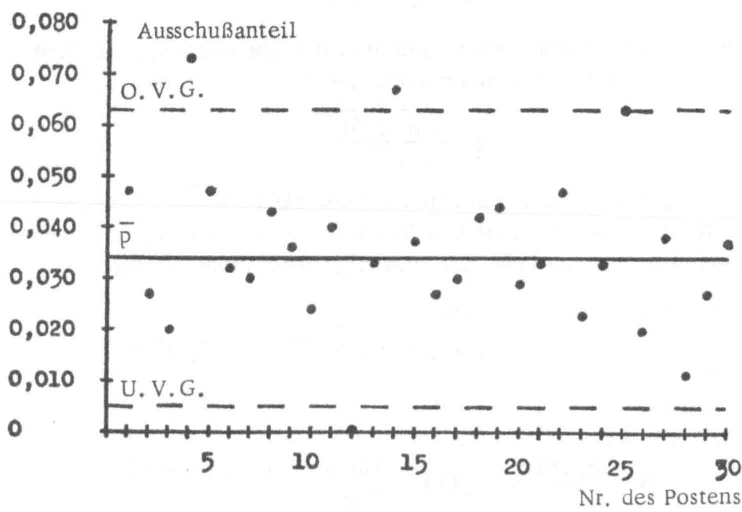




**Kontrollkarte, Methode P (V. G. variabel)**

( siehe Daten-Karte Nr. 40, Tabelle 19, Seite 104)

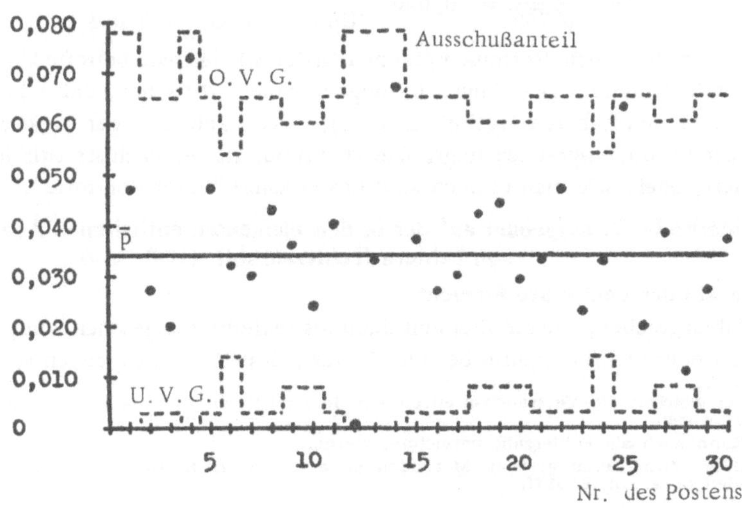

Sehen wir nach, ob das tatsächlich der Fall ist. An Stelle der Formeln (9) und (10) verwenden wir jetzt zur Berechnung der V.G. für jeden Probenumfang die Formel:

$$V.G. = \beta \pm 3\sqrt{\frac{\beta(1-\beta)}{n}} \tag{11}$$

Da der Wert von $\beta$ konstant bleibt und nur die Probenumfänge variieren, kann die Formel (11) auch in folgender Weise geschrieben werden:

$$V.G. = \hat{\beta} \pm \frac{3\sqrt{\hat{\beta}(1-\hat{\beta})}}{\sqrt{n}} \tag{12}$$

Es genügt demnach, wenn man den Wert von $3\sqrt{\hat{\beta}(1-\beta)}$ einmal berechnet. Man erhält den Abstand zwischen $\hat{\beta}$ und den V.G. dadurch, daß man diesen Wert durch die Quadratwurzel des Umfanges jeder Probe dividiert.

Nach der Daten-Karte haben wir:

$$3\sqrt{\hat{\beta}(1-\hat{\beta})} = 3\sqrt{0,034\,(1-0,034)} = 3\sqrt{0,032844}$$

$$= 3 \cdot 0,181 \qquad = 0,543$$

Man erhält also für:

$$n = 150 \quad \frac{0,543}{\sqrt{150}} = 0,044 \qquad \text{Obere} \quad V.G. = 0,078$$
$$\text{Untere} \quad V.G. = -$$

$$n = 300 \quad \frac{0,543}{\sqrt{300}} = 0,031 \qquad \text{Obere} \quad V.G. = 0,065$$
$$\text{Untere} \quad V.G. = 0,003$$

$$n = 450 \quad \frac{0,543}{\sqrt{450}} = 0,026 \qquad \text{Obere} \quad V.G. = 0,060$$
$$\text{Untere} \quad V.G. = 0,008$$

$$n = 750 \quad \frac{0,543}{\sqrt{750}} = 0,020 \qquad \text{Obere} \quad V.G. = 0,054$$
$$\text{Untere} \quad V.G. = 0,014$$

Diese verschiedenen Vertrauensgrenzen finden wir für jede betreffende Probe auf der Kontrollkarte (Zeichnung 6) eingezeichnet. Wir sehen, daß - im Gegensatz zu den früheren Ergebnissen (108), - jetzt kein einziger Punkt außerhalb der Vertrauensgrenzen liegt. Die Produktion ist demnach statistisch kontrolliert, oder, wie man es auch ausdrücken kann: "Unter Kontrolle".

### 4. Methode C′, aufgebaut auf der in den Elementen enthaltenen Anzahl von Fehlern (Fehleranzahl) (109) (110)

#### A. Anzahl der Fehler pro Element

Wir haben gesehen, daß ein Element dann als fehlerhaft angesehen wird, wenn es einen oder mehrere Fehler besitzt. In der Industrie kann es jedoch vorkom-

---

108) Bei welchen die Vertrauensgrenzen auf dem mittleren Umfang aller Proben aufgebaut waren.

109) Kann auch als Fehlerzahl bezeichnet werden.

110) S. h.: Graf-Henning: Stat. Methoden (a. a. O.), S. 233 ff. Derselbe: Formeln und Tabellen (a. a. O.), S. 51 ff.

men, daß alle Elemente Fehler enthalten. Dann muß es als wesentlich angesehen werden, daß die Qualität solcher Produkte dadurch gemessen werden kann, daß man die Anzahl der Fehler c' voneinander unterscheidet, die in "einem" Element enthalten sind (111).

Wenn man z.B. Stoffreste von bestimmter Größe kontrolliert, kann jeder Rest eine verschieden große Fehleranzahl aufzeigen. Sieht man den Stoffrest als eine Probe aus einem einzigen Element an, so werden alle Posten zu 100 % fehlerhaft sein, - da sie alle mindestens einen Fehler besitzen. Auf diese Art erhalten wir selbstredend keinen ausreichenden Hinweis für die Qualität des Produktes.

Wenn wir z.B. (anstatt zuzulassen, daß jeder Stoffrest eine Probe aus nur einem Element verkörpert) die Oberfläche jedes Restes in 12 gleiche Teile unterteilen, können wir jedes Rechteck als ein Element betrachten (112). Man kann so z.B. die Anzahl der Rechtecke, die Fehler ausweisen, zu der Summe der Rechtecke ins Verhältnis setzen: nämlich 4/12 oder 1/3. Man erhält so eine erste Schätzung der Qualität des Produktes. Wenn wir fortfahren, den Stoffrest in immer kleinere Rechtecke zu unterteilen, werden wir eine fortlaufend größerwerdende Anzahl von Stoffresten (nämlich n) erhalten, - solange bis jeder Fehler in einem eigenen Rechteck, das keine anderen Fehler mehr enthält, zu liegen kommt.

In der Praxis unterteilt man die Produkte aber nicht in dieser Art (113). Man begnügt sich damit, zuzulassen, daß n eine sehr große Zahl ist, und zwar so groß, daß jeder Fehler in einer eigenen Oberfläche erscheint. Jede Probe wird demnach aus n Elementen, - wobei n unbestimmt, aber sehr groß ist, - zusammengesetzt.

Für jeden Stoffrest haben wir demnach:

$$p = \frac{\text{Anzahl der in jeder Probe gefundenen Fehler}}{\text{Eine große Anzahl}} = \frac{c'}{n}$$

Wir können deshalb die Methode C' als einen Sonderfall der Methode C betrachten. Wenn wir c durch c' ersetzen, dann wird die Darstellung des Abschnitts 2 (um im gegenwärtigen Falle Anwendung zu finden), nur wenige Abänderungen erfahren.

## B. Daten-Karte

Die Daten-Karte (Tabelle 20) ist sehr einfach. Sie enthält nur die Nummer jeder Probe, das Produktionsdatum (oder den Hinweis auf ein Ergebnisblatt) und die Anzahl der Fehler, die in jeder Probe gefunden werden.

---

111) Und nicht mehr die Anzahl der fehlerhaften Elemente wie bei Methode C.
112) Jede Probe hat folglich einen Umfang von 12.
113) Die Anzahl n der Rechtecke bestimmt man nicht.

### Tabelle 20

**Datenkarte, Methode C'**     Nr. 43

Fabrik:                                    Periode : von.... bis .....

Produkt: Velours                           Element: ein Tuchrest

Kontrolliertes Merkmal:                    Stärke und Bündelung

Kontrollmethode: (Visuelle Kontrolle)  Sichtprüfung

| Probe Nr. | Datum der Produktion oder Ergeb-nis-Blatt Nr. | Anzahl der in der Probe gefundenen Fehler | Probe Nr. | Datum der Produktion oder Ergeb-nis-Blatt Nr. | Anzahl der in der Probe ge-fundenen Fehler |
|---|---|---|---|---|---|
| k | | c' | k | | c' |
| 1. | 782 | 7 | 31. | | |
| 2. | 784 | 10 | 32. | | |
| 3. | 785 | 13 | 33. | | |
| 4. | 786 | 9 | 34. | | |
| 5. | 793 | 16 | 35. | | |
| 6. | 794 | 5 | 36. | | |
| 7. | 795 | 18 | 37. | | |
| 8. | 796 | 9 | 38. | | |
| 9. | 797 | 11 | 39. | | |
| 10. | 798 | 6 | 40. | | |
| 11. | 799 | 10 | 41. | | |
| 12. | 800 | 11 | 42. | | |
| 13. | 801 | 8 | 43. | | |
| 14. | 802 | 12 | 44. | | |
| 15. | 803 | 14 | 45. | | |
| 16. | 805 | 10 | 46. | | |
| 17. | 806 | 15 | 47. | | |
| 18. | 810 | 8 | 48. | | |
| 19. | 812 | 11 | 49. | | |
| 20. | 814 | 15 | 50. | | |
| 21. | 815 | 4 | 51. | | |
| 22. | 816 | 7 | 52. | | |
| 23. | 817 | 12 | 53. | | |
| 24. | 818 | 6 | 54. | | |
| 25. | 951 | 10 | 55. | | |
| 26. | 952 | 9 | 56. | | |
| 27. | 953 | 15 | 57. | | |
| 28. | 954 | 17 | 58. | | |
| 29. | 955 | 12 | 59. | | |
| 30. | 956 | 7 | 60. | | |
| Summe ($\Sigma$): | | 315 | Summe ($\Sigma$): | | |

$$\hat{c}' = \frac{\Sigma c'}{k} = \frac{315}{30} = 10,50 \qquad V.G. = \hat{c}' \pm 3\sqrt{\hat{c}'}$$

$$O.V.G. = 10,50 + 3\sqrt{10,50} = 20,22$$

$$U.V.G. = 10,50 - 3\sqrt{10,50} = 0,78$$

## C. Kontroll-Karte

Die Mittellinie dieses Diagramms ($\bar{c}'$ in Zeichnung 7) entspricht der mittleren Anzahl der Fehler pro Probe (114). Diesen Wert erhält man durch die Formel:

$$\bar{c}' = \frac{\text{Summe der Fehler}}{\text{Anzahl der Proben}} = \frac{\varepsilon c'}{k} \qquad (14)$$

Da die Anzahl der Fehler pro Probe im Vergleich zu n sehr klein ist, kann der Wert für $\left( 1 - \dfrac{\bar{c}'}{n} \right)$ in den Formeln (2) und (3) gleich eins gesetzt werden.

Die Vertrauensgrenzen werden deshalb (115) nach folgenden Formeln aufgestellt:

$$O.V.G. = \bar{c}' + 3\sqrt{\bar{c}'} \qquad (15)$$

$$U.V.G. = \bar{c}' - 3\sqrt{\bar{c}'}$$

Da alle Punkte der Zeichnung 7 innerhalb der Vertrauensgrenzen liegen, ist die Produktion statistisch unter Kontrolle. Im Folgenden soll jeder Stoffrest, der mehr als 20 Fehler aufweisen wird, als außer Kontrolle betrachtet werden.

## 5. Kontrollkarten und Fehlerkategorien

Eine Klassifikation der Fehler in verschiedene Kategorien oder gleich in unterschiedliche Typen ist oft nützlich. Kontrollkarten können dann für jede Fehlerkategorie oder jeden Fehlertyp getrennt aufgestellt werden, wenn diese notwendigerweise bei der Stichprobenkontrolle getrennt aufgeschrieben werden. In der Industrie gibt es zwar eine sehr große Anzahl von möglichen Fehlern, jedoch lassen sie sich fast immer wieder auf eine beschränkte Anzahl von Gruppen reduzieren. Beachtet man für bestimmte Fehler bedeutsame Ursachen, so müssen sie getrennt analysiert und wenn möglich, eliminiert werden.

Zeichnung 7

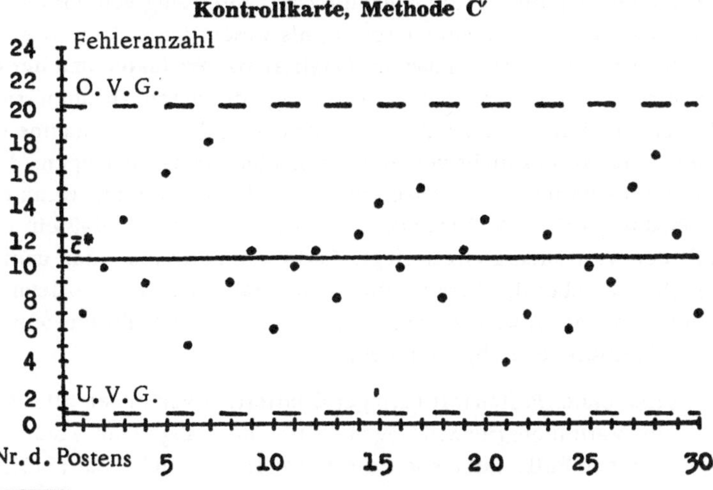



---

114) Wird auch als durchschnittliche Fehleranzahl je Probe bezeichnet.
115) Analog den Formeln (4) und (5) auf Seite 97.
116) Siehe hierzu Daten-Karte Nr. 43, Tabelle 20.

# 6. Standardwerte der Kontrollkarten

Die verschiedenen Methoden zur Einrichtung von Mittellinien und Vertrauensgrenzen werden nur bei Einführung oder Abänderung der Kontrolle der Qualität oder dem Funktionieren der Maschinen angewendet.

Wenn eine Fabrikation der statistischen Kontrolle unterworfen worden ist (d. h. sobald alle auf den Kontrollkarten eingetragenen Punkte innerhalb der Vertrauensgrenzen liegen), muß die Entscheidung, ob diese V. G. als Standardwerte des betrachteten Produkts angenommen werden können, getroffen werden.

Zu diesem Zweck vergleicht man sie mit den gewünschten Spezifikationen, den auferlegten Toleranzen usw. Werden sie als befriedigend beurteilt, so werden der Mittelwert und die V. G. (für das Produkt oder die Maschine) als Standardwerte angenommen und in alle späteren Kontrollkarten eingetragen. Wenn der Mittelwert oder die V. G. nicht annehmbar sind, erscheint eine Abänderung im Fabrikationsverfahren oder eine Änderung der geforderten Spezifikation für angebracht.

In der Industrie werden die Standardwerte in einem Handbuch aufgeführt. Ihre Überprüfung ermöglicht es, sich über die Entwicklung der Qualität Rechenschaft zu geben. Bemerken wir schließlich noch, daß in den angelsächsischen Ländern bereits für einige Produkte Sammlungen für Standardwerte veröffentlicht worden sind.

# 7. Beziehungen zwischen Abnahmestichproben und Kontrollstichproben

Die Abnahmestichprobe hat die Abnahme oder Ablehnung von Posten (nach der Überprüfung eines oder mehrerer Posten) als wesentliches Ziel. Die Kontrollstichprobe dient der Bestimmung der Qualität von Produkten und der Fabrikationskontrolle. Wenn man auf der Grundlage der durch Abnahmestichproben erhaltenen Ergebnisse Kontrollkarten einrichtet, darf die Abnahme oder Ablehnung eines Postens nicht von einem einzelnen Punkt abhängen, der innerhalb oder außerhalb der Vertrauensgrenzen zu liegen kommt. Wenn eine Maschine Produkte hoher Qualität erzeugt, ist es nicht selten, daß ein Punkt außerhalb der Vertrauensgrenzen liegt. In diesem Falle muß man unmittelbare Untersuchungen über die Ursache dieser Anomalie anstellen, - denn das kann das Symptom von Störungen sein. Wenn die Abnahmezahl erreicht ist, wird der Posten selbstredend abgenommen.

Andererseits können Posten mit geringer Qualität, - von denen alle Punkte innerhalb der Vertrauensgrenzen liegen, - trotzdem abgelehnt werden. In diesem sehr seltenen Falle interessiert die Kontrollkarte nicht sehr (117). Im all-

---

117) Wir wiederholen das noch einmal, es handelt sich hier um eine Ausnahme.

gemeinen ist es nicht übertrieben, wenn man sagt, daß für den Unternehmer
die Kontrollkarte das ist, was für den Arzt das Thermometer: ein sicherer und
genauer Wegweiser.

Jeder Abnahmestichprobenplan besitzt eine Operations-Charakteristik, so wie
wir das im vorherigen Kapitel erläutert haben. Jede Kontrollstichprobe durch
Rechnungsführung hat gleichfalls eine O.C. Wenn keine U.V.G. existiert,
ähneln die Kontrollkarten sehr den Abnahmestichprobenplänen. In diesem Falle entspricht die O.V.G. der Ablehnzahl. In Tabelle 17 auf Seite 95 haben
wir so z.B. gefunden:

$$\bar{c} \; = \; 2,50$$
$$O.V.G. \; = \; 7,24$$
$$U.V.G. \; = \; 0$$

Die Ablehnzahl ist 7,24, also 7.

Da der Kontrollstichprobenplan die O.C. des entsprechenden Abnahmestich-
probenplanes hat, hat er auch ein Qualitätsniveau (Q.N.). Dieses Q.N. ist
auf der Operations-Charakteristik leicht aufzufinden. Wenn eine U.V.G. existiert, ist die O.C. des Kontrollstichprobenplanes komplizierter. Um die O.C.
des Kontrollstichprobenplanes errichten zu können, muß man die O.C.'s von
zwei Abnahmestichproben vereinigen (118).

Diese hat zwar Glockenform, ist aber asymmetrisch. Die Ordinate dieser O.C.
weist den Wert für 95 % zweimal aus. Hieraus ergibt sich wiederum, daß zwei
Q.N. existieren. Die Forschungsgruppe der Columbia-Universität hat eine Tabelle berechnet, die die Aufstellung dieser Operations-Charakteristiken ermöglicht (119).

Im allgemeinen wird ein Anfänger in der Anwendung von Stichproben zu glauben geneigt sein, daß die U.V.G. immer gleich null ist und infolgedessen
keine Nachforschungen von Seiten des Fabrikations-Chefs hervorrufen kann.
Das ist allerdings ein Irrtum. Wenn ein Punkt unter die U.V.G. fällt (120),
muß ebenfalls sofort eine Enquête über die Fabrikationsbedingungen dieses Postens durchgeführt werden. Diese Enquête kann ergeben, daß während der Stichprobenkontrolle ein Fehler unterlaufen ist (121), oder daß während der Fabrikation dieses Postens besondere Umstände vorlagen. Das Studium dieser Umstände kann eine Verbesserung des Fabrikationsverfahrens bewirken. Man errichtet
dann für die spätere Produktion eine neue Kontrollkarte, die eine niedrigere
Mittellinie und O.V.G. aufweist.

---


118) Eine für die O. V. G. und eine andere für die U. V. G.
119) Sampling Inspection, New York, 1948, Seiten 219—220.
120) Desgleichen wie über die O. V. G.
121) Das ist gewöhnlich der Fall.

Es versteht sich von selbst, daß man niemals einen Posten deshalb ablehnen wird, weil er zu wenig Fehler enthält. Die U. V. G. haben hier nur den Zweck, den für die Fabrikation Verantwortlichen auf eine Anomalie in der Fabrikation hinzulenken.

Wenn andererseits ein Punkt oberhalb der O. V. G. fällt, kann die Enquête einige Störungen enthüllen, die wir verbessern können.

## 8. Vorteile und Nachteile der Kontrollstichprobe durch Rechnungsführung

Der Hauptvorteil dieser Kontrollstichproben ist es, daß sie sehr einfach und leicht anwendbar sind. Die für die Abnahmestichproben schon wirksamen und in der Form von Tabellen und Operations-Charakteristiken zusammengefaßten Berechnungen können der Rechnungsführungs-Stichprobe dienlich gemacht werden. Sehr oft ist selbst die Berechnung der Vertrauensgrenzen nicht notwendig. Es genügt, wenn man in den Tafeln II einen Abnahmestichprobenplan auswählt. Die Ablehnzahl wird durch die O. V. G. angegeben.

Es wäre ungerecht, wenn man die Nachteile nicht erwähnen wollte, die diese Methoden der Kontrollstichprobe aufweisen können. Die Tatsache, daß sie sich eigentlich nur dann zur Kontrolle eignen, wenn der M. P. F. E. verhältnismäßig sehr klein ist, stellt einen großen Nachteil dar. Sobald der M. P. F. E. eines Produktes hoch oder der Umfang einer Probe groß ist, muß man die U.V.G. berücksichtigen. Die Stichprobenpläne können in diesem Falle nicht angewendet werden oder erfordern spezielle Berechnungen.

Weitere Unannehmlichkeiten sollen hier folgen. Nur die einfachen (für die Kontrolle verwendeten) Stichprobenpläne ermöglichen graphische Wiedergabe der Kontrollergebnisse (122). Die doppelten und fortschreitenden Stichprobenpläne ermöglichen das Anlegen solcher Zeichnungen nicht.

Die Stichprobe durch Rechnungsführung erfordert die Kontrolle von Proben mit großem Umfange. Gewisse Autoren (123) behaupten sogar, daß zur Anlegung von attributiven Kontrollkarten die 100 %-Prüfung aller Posten notwendig sei. Sie stellen sie der auf der Grundlage von Variablen aufgebauten Kontrolle gegenüber, die lediglich Proben von sehr kleinem Umfange erfordert. Unserer Ansicht nach ist dieser Standpunkt übertrieben. Die Kontrollkarten können mit Hilfe der Ergebnisse der Abnahmestichproben angelegt werden, - was in der Praxis auch laufend geschieht.

Diese Kontrollstichproben sind auf Attributen aufgebaut und ermöglichen es deshalb nicht, ebenso genaue und variable Ergebnisse herauszustellen, wie das bei den auf Variablen aufgebauten Stichprobenmethoden der Fall ist.

---

[122] Diese Zeichnungen erleichtern das schnelle Auffinden von Qualitäts-Tendenzen.
[123] Unter anderen E. S. Smith: „Control Charts", New York, 1947, Seite 85.

Zusammenfassend kann man sagen, die Methoden C, P und C' haben den Vorteil der leichten Anwendbarkeit. Sie sind einfach und benötigen fast keine Berechnungen. Sie haben jedoch nicht die Genauigkeit und Geschmeidigkeit der Stichprobenmethoden, die auf der Analyse von Variablen aufgebaut sind und liefern nicht so viele Informationen.

Fünfter Teil

# Die Stichprobenmethoden, die auf den Variablen aufbauen

## I. Allgemeines

In den vorigen Kapiteln haben wir die attributiven Stichprobenmethoden beschrieben. Sie werden lediglich dann angewendet, wenn entweder keine Meßapparate zur Verfügung stehen oder aber die Qualität nicht genau gemessen werden kann.

Wir versetzen uns jetzt in die Situation, in der eine quantitative Messung der Qualität möglich ist (124). Verschiedene Methoden können angewendet werden, aber immer wird es sich darum handeln, die Produktion von Abteilung zu Abteilung, von Werkstatt zu Werkstatt zu verfolgen und bei jeder eventuellen Unregelmäßigkeit der Maschinen schnellste Abhilfe zu schaffen.

### 1. Vertrauensgrenzen und Toleranzen

Die Verwendung von automatischen oder halbautomatischen Maschinen hat den Vorteil, daß sie die Ausdehnung der Produktion, die Senkung des Selbstkostenpreises und das Anwachsen der Präzision in der Fabrikation ermöglicht. Damit allerdings eine Maschine viel, gut und billig produziert, muß sie aufs peinlichste abgestimmt werden. Trotz der genauen Abstimmung stellt keine Maschine vollkommen identische Stücke her. Die Charakteristiken eines hergestellten Gegenstandes (Umfang, Gewicht, Dauerhaftigkeit usw.) hängen von zahlreichen Faktoren, wie dem verwendeten Material, der Verarbeitung, dem Rohstoff usw. ab. Jeder Unternehmer weiß, daß sich diese Faktoren unaufhörlich verändern. Aus diesem Grunde weisen die Charakteristiken des fabrizierten Gegenstandes Abweichungen auf (125).

Eine Fabrikation wird dann als STATISTISCH KONTROLLIERT, eine Fabrik oder eine Fabrikationsabteilung dann als IM STADIUM DER KONTROLLE bezeichnet, wenn sich diese Abweichungen zwischen den fixierten VERTRAUENSGRENZEN

---

124) Am häufigsten findet man die Umfänge von hergestellten Elementen (oder Stücke) als Maß.

125) Im Vergleich mit den gewünschten Werten.

halten und sich einem bestimmten Gesetz folgend verteilen. Das Ziel der statistischen Fabrikationsüberwachung ist es demnach, die Variabilität der Maschinen zu verringern, die Charakteristiken der Produkte in den zugelassenen Vertrauensgrenzen zu halten und als Folge einen minimalen Abfall, ein minimales Risiko, mit so wenig Personal als möglich, zu erhalten.

Die auf Variablen aufgebauten statistischen Kontrollverfahren bedienen sich systematischer Stichproben. Sie weisen den enormen Vorteil auf, sparsam zu sein und ermöglichen es in nahezu allen Fällen, eine 100 %-Kontrolle der Produktion zu verhindern. M. A. VESSEREAU hat das wie folgt ausgedrückt: "Der Unternehmensleiter kann mit einem - durch die Eigentümlichkeiten der statistischen Gesetze - fixierten Sicherheitsgrad immer garantieren, daß die Produkte einer KONTROLLIERTEN Fabrikation zwischen den festgesetzten Grenzen bleiben" (126). Diese Vertrauensgrenzen dürfen nicht mit den durch den Ingenieur spezifizierten TOLERANZEN verwechselt werden. Da der Ingenieur weiß, daß jede Maschine eine gewisse Variabilität aufweist, gibt er Toleranzen an, - damit die Produktion (um verwendet werden zu können) auch tatsächlich in den fixierten Grenzen bleibt. Sobald der Ingenieur die Fabrikation einer Serie von Stücken mit einer oder mehreren Maschinen beschlossen hat, so hängen die erhaltenen Streuungen nur noch von der Variabilität jeder Maschine ab und haben zu den vom Ingenieur im voraus bestimmten Toleranzen keine Beziehung mehr. Die Toleranzen werden in den meisten Industrien im voraus fixiert. Wir haben festgestellt, daß sie fast immer zu eng gewählt werden und dann in der Praxis nur selten verwirklicht werden können. Es ist im allgemeinen immer vorteilhaft, wenn die Toleranzen so weit wie irgend möglich gemacht werden und so wenig wie möglich vorzusehen sind. Ein Gegenstand kann im allgemeinen durch ein oder zwei Charakteristiken definiert werden (z. B.: die Länge und der Durchmesser einer Rolle). Wenn dieses Prinzip angenommen und verwendet wird, dann wird der Unternehmer seine Risiken, seinen Abfallprozentsatz und seinen Selbstkostenpreis gleichzeitig verringern. Die Fixierung von Toleranzen ist im allgemeinen eine schwierige Arbeit. Je komplizierter ein Produkt ist, um so größer ist die Schwierigkeit des Einrichtens der Toleranzen. Um diesen Nachteil auszugleichen, haben die Angelsachsen für einige Industrien Toleranzen-Sammlungen veröffentlicht. - Dieses System hat jedoch Nachteile, denn der Unternehmer darf nicht übersehen, daß die fixierte Toleranz verwirklicht werden MUSS. Es ist aber unnütz, a priori ideale Toleranzen aufzustellen, die hinsichtlich der Maschinen und der verfügbaren Arbeitskraft, niemals verwirklicht werden können.

Bei der Fixierung der Toleranzen wird der Ingenieur die folgenden Punkte berücksichtigen müssen:

---

126) A. Vessereau: „La Statistique", Collection „Que sais-je?", Presses Universitaires de France, Paris 1947.

- Die vorgeschlagenen Toleranzen müssen mit dem Maschinenpark, der Arbeitskraft und den Rohstoffen, über die er verfügt, praktisch zu verwirklichen sein, d.h. daß die Toleranzen die Vertrauensgrenzen VON AUSSEN umfassen müssen;

- Die vorgeschlagenen Toleranzen müssen wirtschaftlich sein. Je enger sie sind, um so höher sind die Produktionskosten. Es besteht die Notwendigkeit der Suche nach den wirtschaftlichsten Toleranzen. Toleranzen von der Größenordnung 5 % oder mehr berühren in der Industrie die Produktionskosten nicht wesentlich. Sobald man sie jedoch auf ein niedrigeres Niveau als 5 % senkt, folgen die Produktionskosten einer Parabel (127). Eine Toleranz von 2 % muß in den meisten Industrien als das Minimum dessen, was ökonomisch verwirklicht werden kann, betrachtet werden.

Zusammenfassend läßt sich noch einmal sagen, daß jede in der Industrie vorgesehene Toleranz mit den Maschinen, der Arbeitskraft und den verfügbaren Rohstoffen zu verwirklichen sein muß. Sie muß wirtschaftlich sein und darf nicht mehr als 3 bis 5 % Abfall hervorrufen. Die Rolle des Ingenieurs wird es daher sein, jeder Maschine die Arbeit zuzuweisen, die ihr am besten zukommt, damit die Variabilität der Maschine innerhalb der von ihm spezifizierten Toleranzgrößenordnung bleibt.

Diese Bemerkungen führen uns auf das Problem der Streuung.

## 2. Die Streuung

Wir sahen, daß die statistischen Methoden die Fixierung der Vertrauensgrenzen ermöglichen, und daß die Charakteristiken der Produkte zwischen diese Grenzen fallen müssen. Der Arbeiter wird seine Maschine einregulieren, damit diese Bedingungen erfüllt werden. Infolge zahlreicher Faktoren, von denen wir die hauptsächlichsten genannt haben (verwendetes Material, Arbeitskraft, Rohstoffe), weicht jedes produzierte Stück leicht von den anderen ab. Diese Abweichungen zwischen Charakteristiken unterschiedlicher Stücke werden als STREUUNG bezeichnet. In dieser Beziehung zitieren wir einen Abschnitt des Artikels von M. A. BERTSCHINGER über "Fabrikationsüberwachung":

"... Wir glauben, und mit diesen Gedanken schließen wir uns den Atomphysikern an, daß es für den Fabrikanten in der Tat viel wichtiger ist, daß er vielmehr die Streuungen um die nominelle Ziffer herum wie diese letztere selbst kennt. Wir gestatten uns hier einen Ausflug in das Gebiet der Ballistik. Der Artillerist, der das Maximum an Wirksamkeit sucht, kennt die Größe der Streuungsellipse, die dem Kaliber und der Schußweite, die er verwendet, entspricht. Er berechnet hieraus sehr einfach die Wahrscheinlichkeit, mit der er

---

127) D. h., daß diese Kosten mit der Verringerung des Toleranzprozentsatzes mehr als proportional zunehmen.

seinen Gegenstand treffen wird und bestimmt daraus seinen Verbrauch an Munition und die Zeit, die er zur Erfüllung seiner Aufgabe benötigt. Er führt seine Mission dadurch aus, daß er durch seine Beobachtungen und die daraus sich ergebenden Korrekturen, die Übereinanderlagerung des Zentrums seiner Streuung mit dem Zentrum des Gegenstandes, bewerkstelligt, denn er weiß, daß er so die größte Wirksamkeit mit der geringsten Menge an Munition erreichen wird. Sein Kamerad von der Industrie ist weniger begünstigt; für diesen stellt sich ein "Schuß ins Ziel" als ein Gegenstand dar, dessen Dimensionen oder Erträge zwischen die auferlegten Toleranzen fallen. Aber die Streuung seiner Maschinen oder seiner losgelösten Stücke sind ihm im allgemeinen nicht bekannt und oft werden seine Korrekturen verzögert oder unmöglich gemacht, weil seine Beobachtung mit der Fabrikation nicht in Phase ist. Er kommt sich wie ein Artillerist vor, der gezwungen ist, einen Schuß in Nacht oder Nebel auszulösen. Er fabriziert und er kontrolliert; er eliminiert die schlechtgelungenen Stücke erst spät und verliert so Geld und Zeit. - Alle Schießrichtlinien bauen auf der Berechnung der Wahrscheinlichkeit auf. Wenn auch die Urteile nur auf einer sehr kleinen Anzahl von Beobachtungen aufbauen, so gelingt es doch, ein gutes Ergebnis zu erhalten.

Die mathematische Statistik ermöglicht es ihr auch, von einer minimalen Anzahl von Versuchen oder Meßergebnissen ausgehend, ein Maximum an Informationen zu erhalten. " (128)

Die Stichprobenmethoden, die wir beschreiben wollen, verwirklichen diese Ziele vollkommen. Sie geben einerseits Auskünfte über die zentrale Tendenz (Mittelwerte) und ermöglichen andererseits, mit Hilfe der verschiedenen Parameter: dem Streubereich (w), der Standardabweichung ($\sigma$) und dem Variationskoeffizient (v), die Streuung zu charakterisieren.

## II. Methode XW

Diese Stichprobenmethode baut auf den folgenden Parametern auf: den Mittelwerten ($\bar{x}$) und den Streubereichen (w), was ihr den Namen Methode XW einbringt (129).

### 1. Anwendungsgebiete

Die Methode XW wird dann verwendet, wenn man mit Messungen an die Produkte (deren Qualität man kontrollieren will) herangehen kann. Diese Methode führt nicht in allen in der Industrie möglichen Fällen zu dem gleichen Erfolg. Sie muß den eigenen Bedürfnissen jedes Produkts angepaßt werden und ihre Ver-

---

128) Revue „Chefs", Genf, 1949. Nr. 1.

129) S. h. Graf-Henning: Stat. Methoden (a. a. O.), S. 222 ff. Derselbe: Formeln und Tabellen (a. a. O.), S. 47 ff. P. Leineweber: (a. a. O.), S. 22 ff.

wendung bringt manchmal sehr delikate Probleme mit sich. Der Umfang jeder Probe (d.h. die Anzahl der in jeder Probe enthaltenen Elemente) muß immer gleich oder niedriger als 10 sein. Die Methode XW, (wie übrigens alle auf den Variablen aufgebauten Stichprobenmethoden) fordert zur Ausführung der Messungen, Kontrollapparate von großer Präzision und ein gut geschultes Personal.

Die Methode XW ist in folgenden Fällen besonders angezeigt:

1) Bei Diagnostik-Operationen. Wenn man ein neues Produkt in Fabrikation nimmt oder wenn man die Stichprobenmethoden in einer Fabrik einführt. Diese Methode ermöglicht es, das Q.N. eines Produkts oder einer Werkstatt sowie die Präzision einer Maschine usw. rasch zu bestimmen.

2) Bei Toleranz-Untersuchungen. Wenn die Diagnose gestellt worden ist, ermöglicht diese Methode den Vergleich der vom Techniker fixierten Toleranzen mit den wirklichen Toleranzen (die man vernünftigerweise mit dem zur Verfügung stehenden Maschinenpark erreichen kann).

3) Bei der Produktionskontrolle während der Fabrikation. Die Methode XW wird verwendet, um zu überprüfen, ob sich die Fabrik oder die Werkstatt im Kontrollzustand befindet, wenn:

(a) der Arbeitsrhythmus nicht zu schnell ist;
(b) die Fabrikation im allgemeinen stabil ist;
(c) die Maschinen genügend präzise sind;
(d) die wirklichen Toleranzen der Maschinen weit innerhalb der für das Produkt geforderten Toleranzen liegen.

4) Bei Qualitäts-Untersuchungen einer Maschine, ihrer Abstimmung, ihrer Abnützung usw. Die Kontrolldiagramme, die wir vorführen werden, ermöglichen z.B. die Messung der Abnützungszeit eines Teiles der Maschine (Schneidwerkzeug usw.). Je steiler die Kurve für die $\bar{x}$ abfällt, um so schneller erfolgt die Abnützung des Werkzeugs. Auf diese Art kann man das Altern einer Maschine, ihren Präzisionsgrad usw. messen.

5) Bei Vergleichen zwischen Maschinen verschiedenen Typs oder zwischen unterschiedlichen Produkten. Dieser Punkt ist jedoch lediglich ein Sonderfall des vorhergenannten Problems.

6) Bei der Untersuchung des Einflusses der menschlichen Arbeitskraft auf eine Maschine. Jeder Unternehmer weiß, daß es "kritische" Maschinen gibt, die nur von bestimmten Arbeitern bedient werden können. Die Methode XW ermöglicht die Bestimmung, welches diese Maschinen sind, und anschließend, welches die Arbeiter sind, die sich diesen am besten anpassen können. Sie ermöglichen im allgemeinen die Personaleinflüsse auf die Maschinen zu erfassen.

118

7) Beim Studium der für die Maschine am besten geeigneten Rohstoffe.

Zusammenfassend kann gesagt werden, daß das Hauptziel der Methode XW die rasche Bestimmung der Fabrikations-Anomalien und das Ermöglichen der Wiederherstellung des "Kontrollzustandes" ist (130).

## 2. Vorteile und Grenzen der Methode XW

Die Methode XW ist die in der Industrie am meisten verwendete Stichprobenmethode. Sie bietet zahlreiche Vorteile. Ihr Hauptverdienst ist es, daß sie einfach und für jeden verständlich ist. Der Streubereich (131) ist das Streuungsmaß, das sich zuerst anbietet, und das am leichtesten zu berechnen ist. Für eine Normal-Verteilung, und wenn die Anzahl der Proben groß genug ist, existiert zwischen dem Streubereich und der Standardabweichung eine mathematische Beziehung. Diese Beziehung ermöglicht eine sehr rasche Schätzung der Standardabweichung, die sonst verhältnismäßig lange Berechnungen erforderlich macht.

Die Methode XW hat jedoch ebenfalls ihre Grenzen. Es besteht die Gefahr, daß sie von Unternehmern, - die ihre Möglichkeiten überschätzen, zu häufig und zu unterschiedslos angewandt wird. Man vergißt zu leicht, daß man, wenn ein Punkt außerhalb der Vertrauensgrenzen zu liegen kommt, a priori die ganze frühere Fabrikation anzweifeln muß. Solange die Ursache dieser Anomalie nicht entdeckt ist, muß man eine 100 %-Kontrolle durchführen oder eine Stichprobenkontrolle auf die ganze Produktion ansetzen. Wenn die Ursache der Unregelmäßigkeit entdeckt ist (das ist fast immer der Fall), dann genügt es, die Produktion von der letzten zufriedenstellenden Probe an zu kontrollieren.

Der Streubereich, der in dieser Methode als Streuungsmaß verwendet wird, ist ein einfaches, aber ein etwas summarisches Maß. Es ist erstens, von Probe zu Probe, großen Variationen unterworfen, was Schwierigkeiten beim genauen Erkennen seiner Grenzen verursacht. Ferner berücksichtigt der Streubereich weder die Verteilungsform der Abweichungen,noch alle Werte dieser Abweichungen. Da sich der Streubereich lediglich auf den zwei extremen Werten aufbaut, kann man für eine Probe in Glockenform und für eine andere Probe in J-Form ein gleiches Ergebnis erhalten.

Der Hauptnachteil dieser Methode ist der, daß die Kontrolle der individuellen Streuungswerte, die in einer oder mehreren Proben enthalten sind, nur dann mit Hilfe des Streubereichs unternommen werden kann, wenn man keinerlei Zweifel über den Gaußschen Charakter der Verteilung hat. Wenn die Streubereiche eine andere Verteilungsform aufweisen, ist ihr Kontroll-Diagramm

---

130) D. h., daß auf eine solche Art fabriziert wird. daß nur noch der Zufall die Fabrikation beeinflußt.

131) Wie wir sehen werden, ist das der Unterschied zwischen dem größten und dem kleinsten in der Probe beobachteten Wert.

weit weniger bedeutsam wie das der Standardabweichungen (Methode X$\sigma$).Zu
dieser letztgenannten sollte man immer dann greifen, wenn man die Mittel
dafür hat, - obgleich diese längere Berechnungen notwendig macht. Wir wollen uns daran erinnern, daß ein guter Parameter alle Werte in Rechnung stellen muß; er muß leicht verständlich und leicht zu berechnen sein. Er darf
schließlich so wenig wie irgend möglich von den Fluktuationen der Stichprobe
berührt werden und soll leicht den algebraischen Ziffern unterworfen werden
können. Nun, das ist beim Streubereich leider nicht der Fall.

### 3. Anzahl der zu entnehmenden Proben und Probenumfang

Zwei Fälle können sich einstellen:

1) Man schreitet zur Diagnostik, das bedeutet, daß man zu wissen wünscht,
ob die Fabrikation im Kontrollzustand ist. Soll man nun lieber eine kleine
Anzahl Proben mit großem Umfang oder vorteilhafterweise viele Proben mit
kleinem Umfang entnehmen (132)? Die Praxis hat uns gelehrt, daß die zweite Lösung in der Industrie im allgemeinen vorzuziehen ist, - besonders wenn
man die Methode XW verwendet-. Solange man nicht sicher ist, ob die Produktion absolut stabil ist (133), sollte man besser die größtmögliche Anzahl
von Proben aufstellen, wenn ihr Umfang auch beschränkt ist. Wir haben festgestellt, daß es unnütz und manchmal sogar schädlich ist, wenn man Proben
mit einem Umfang von mehr als 10 Elementen aufstellt, und daß dieser Umfang niemals niedriger als 3 sein soll. Die in der Industrie am meisten verwendeten Umfänge sind 4, 5 oder 6 Elemente. Es ist nicht obligatorisch, wird jedoch empfohlen, daß allen Proben der gleiche Umfang gegeben wird. Das hat
die Vereinfachung der Berechnungen und die Vermeidung von gewogenen Mittelwerten zum Ziele. Wenn man eine Diagnostik durchführt, ist die Gesamtsumme der entnommenen Elemente (im allgemeinen zwischen 70 und 125) auf
20 oder 25 Proben verteilt. Erst nach der Kontrolle dieser 20 bis 25 Proben wird
man ein Recht auf Abgabe eines ersten Urteils haben.

2) Der Kontrollzustand ist erreicht. Die Stichprobenkontrolle von Produkten
während der Fabrikation muß systematisch durchgeführt werden. Es ist möglich, die Fabrikation im Zustande der Kontrolle zu halten, wenn man nur wenige Proben, und diese in relativ weiten Intervallen entnimmt. Alles wird von
den Maschinen und der verwendeten Arbeitskraft, von den verarbeiteten Rohstoffen oder von den fabrizierten Produkten abhängen. Man wird selbstredend
daran interessiert sein, ziemlich oft Proben zu entnehmen, so daß man sich
über eine eventuelle Unregelmäßigkeit der Maschine Rechenschaft geben kann

---

132) Z. B.: 5 Proben aus je 10 Elementen oder 10 Proben aus je 5 Elementen?

133) Und das ist nur selten der Fall, wenn man eine Diagnostik durchführen will.

(134). Je länger das Intervall zwischen zwei Stichproben wird, um so größer
wird das Risiko, einen bedeutsamen Prozentsatz an Abfällen zu erhalten.

Die folgende Methode kann in vielen Fällen zur Bestimmung der Anzahl von
zu entnehmenden Elementen verwendet werden: Wenn man die mittlere Ausstoßgeschwindigkeit der Maschine kennt, dann ist die Berechnung der in einer
Stunde produzierten Stücke leicht. Da die Methode XW auf Messungen aufbaut, darf die Anzahl von entnommenen Elementen ziemlich beschränkt sein
(135). Greifen wir zu einem Beispiel: Eine Maschine stellt nach Angabe 70
Röhren je Stunde her. Wenn man es für zweckmäßig hält, daß die Fabrikation
ungefähr nach je 100 Stück kontrolliert werden soll, dann wird die Anzahl der
kontrollierten Röhren zwischen 3 - 10 % der in einer Stunde produzierten Röhren sein. Man wird deshalb immer nach 90 Minuten eine Probe von 5 Röhren
entnehmen.

Tatsächlich produziert die Maschine 100 Röhren in 86 Minuten (das sind ungefähr einundeinhalb Stunden). Wenn man zuläßt, daß die Anzahl der entnommenen Röhren 5 % des stündlichen Postens sein darf, wird man hier gleichfalls nach je 90 Minuten 5 Röhren entnehmen. Dieses Entnehmen kann auf zwei
Arten durchgeführt werden: man entnimmt entweder unter den 100 zuletzt hergestellten Röhren 5 aufs Geratewohl, oder man nimmt die 5 letzten Röhren.
Wenn eine Überprüfung der Maschine bezweckt werden soll (was sehr oft der
Fall ist) ist es vorteilhaft, wenn man die letzten 5 produzierten Röhren entnimmt. In der Tat wird man, wenn irgendeine Unregelmäßigkeit entstanden
ist oder im Entstehen begriffen ist, auf diese Art eine Chance haben, daß man
sie entdecken wird. Deshalb setzt man in der Praxis die Stichprobe meistens
bei den zuletzt fabrizierten Elementen an.

Merken wir uns noch, daß die Stichproben nicht zur genau fixierten Stunde
durchgeführt werden sollen, - damit die Bedingungen des Zufalls erfüllt sind.
Wenn man z. B. die Kontrolle einer Probe pro Stunde plant, so muß die Entnahme während der Stunde und nicht zur vorher bestimmten, genau fixierten
Stunde erfolgen.

## 4. Mittelwert und Streubereich

Das Problem, das sich stellt, ist das folgende:

Wie soll man, - wenn man die Proben kennt, - so exakt wie irgend möglich,
die Charakteristiken (136) der ganzen Produktion einer Maschine repräsentieren ?

---

134) Bevor man eine große Anzahl von fehlerhaften Stücken fabriziert hat.
135) Im allgemeinen auf 3 bis 10 % der Posten.
136) Im Falle der Methode XW. den Mittelwert und den Streubereich.

Da wir die genauen Werte dieser zwei Parameter für die Gesamtheit der Produktion nicht kennen, werden wir zur Schätzung greifen müssen. Wir begeben uns hier in das sehr delikate Gebiet der Schätzung von Parametern einer Gesamtheit auf Grund von Proben. Nebenbei nehmen wir zur Kenntnis, daß diese Schätzungen besonders zur Bestimmung der Vertrauensgrenzen dienen, und daß die geschätzten Parameter nicht zwangsweise die wirklichen Werte der ganzen Produktion darstellen (137). Wir begnügen uns im Augenblick mit der Überprüfung, ob sich die Mittelwerte und die Streubereiche innerhalb der Vertrauensgrenzen befinden.

Unsere Terminologie ist die folgende :

$x$ = für jedes Element gemessene Charakteristik,

$\bar{x}$ = mittlere Charakteristik einer Probe,

$X$ = mittlere Charakteristik einer Serie von Proben,

$w$ = Streubereich einer Probe,

$\bar{W}$ = mittlerer Streubereich einer Serie von Proben,

$n$ = Umfang einer Probe

 = Anzahl der in einer Probe enthaltenen Elemente,

$k$ = die in einer Serie von Proben enthaltene Anzahl von Proben,

$N$ = Gesamtumfang einer Serie von Proben.

## A. Der Mittelwert

Zwei Fälle sind möglich ·

1) Als Mittelwert der $x$ kann man denjenigen nehmen, den man zu erreichen wünscht. Wenn also z.B. eine Maschine Röhren mit 30 mm Durchmesser herstellen soll, kann man als allgemeinen Mittelwert $\bar{X}$ = 30 mm nehmen. In bestimmten Fällen kann man den sich aus früheren Messungen ergebenden Mittelwert nehmen. - Diese Verfahren sind jedoch nicht ratsam.

2) Wenn man eine Diagnose stellen will oder es sich um eine neue Fabrikation handelt, muß man eine Schätzung des allgemeinen Mittelwertes der Charakteristik des Postens (aus dem die Proben entnommen worden sind)vornehmen. In der Industrie ist dieser zweite Fall der häufigste. Die am meisten verwandte Schätzmethode ist der arithmetische Mittelwert aus den (an allen Elementen der Probe) durchgeführten Messungen, - was auch die Notwendigkeit des Entnehmens von 70 bis 125 Elementen erklärt. Gegeben sind die effektiven Messungen (138) für die Elemente: $x_1$, $x_2$, $x_3$ ...... , $x_n$.

Man wird mit der Berechnung des Mittelwertes der Messungen für jede Probe (nämlich $\bar{x}_1$, $\bar{x}_2$, ....., $\bar{x}_k$) beginnen, wobei

$$\bar{x} = \frac{\Sigma x}{n} \tag{1}$$

---

137) Besonders, wenn man eine Diagnostik durchführen will.

138) In dem angegebenen Falle kennzeichnet $x$ den Durchmesser von Röhren.

$\bar{x}$   verkörpert den Mittelwert der Messungen einer Probe,

x   das effektive Maß für jedes Element der Probe,

n   die Anzahl der effektiven Messungen, also den Umfang der Probe.

Der geschätzte allgemeine Mittelwert ( $\bar{X}$ ) ist gleich dem Mittelwert der $\bar{x}$, also:

$$\bar{X} = \frac{\Sigma \bar{x}}{k} \tag{2}$$

wenn k die Anzahl der Proben angibt.

Diese Anzahl der Proben muß (wenn möglich) 25 sein. Man kann sich jedoch in gewissen dringenden Fällen und unter allen Vorbehalten mit 20 Proben, ja sogar mit 15,begnügen.

Wenn der Umfang der Proben (von Probe zu Probe) variiert, dann ist es uner-läßlich, nach der folgenden Formel, ein gewogenes arithmetisches Mittel zu berechnen:

$$\bar{X} = \frac{\Sigma \bar{x} \cdot n}{N} \tag{3}$$

wobei N den Gesamtumfang der Serie der Proben angibt, also $N = \Sigma\, n$.

Wenn es irgend möglich ist, sollte die Auswahl von Proben mit gleichem Um-fange vorgezogen werden.

Das geometrische Mittel wird in der Industrie so gut wie nie zur Schätzung eines Mittelwertes verwendet. Im Ergebnis liefert das arithmetische Mittel, im Falle der Normalverteilung oder einer Annäherung an diese, die größte Genauigkeit.

**B. Der Streubereich**

Der Streubereich (w) ist die Differenz zwischen dem größten und dem klein-sten der in einer Probe beobachteten Werte.

$$w = x_{max} - x_{min} \tag{4}$$

Der Streubereich ist das einfachste Streuungsmaß. Dieses relativ summarische Verfahren wurde von Egon S. PEARSON in der Zeitschrift "Biometrika" (XXIV, S.404 ff.) in allen Einzelheiten wissenschaftlich abgehandelt.

Der mittlere Streubereich einer Serie von k Proben ist also gleich:

$$\bar{w} = \frac{\Sigma w}{k} \tag{5}$$

# 5. Die Daten-Karte

Die vom Prüfer an jedem Element ausgeführten effektiven Messungen werden
nach Maßgabe auf einer Daten-Karte eingetragen. Diese soll so viel Auskünfte wie irgend möglich, über den Gegenstand der Maschine, ihre Besonderheiten, die Arbeitskraft, die Art der effektiven Arbeit usw. enthalten. Diese Kar-
ten werden aufbewahrt und mit Rücksicht auf ihre spätere Auswertung klassifiziert. Auf diese Art hat man genaue Indikationen über den Wert der Maschine, das Bedienungspersonal usw.

Wenn der Prüfer die Werte auf der Daten-Karte eingetragen hat, berechnet er
daraus sofort für jede Probe den Mittelwert und den Streubereich. Sobald die
zur Berechnung von $\overline{X}$ und von $\overline{w}$ notwendige Anzahl von Meßwerten erreicht ist,
werden diese zwei Werte berechnet.

In Tabelle 21 ( Seite 135 ) wollen wir ein Beispiel einer Daten-Karte für die
Methode XW vorführen.

# 6. Die Kontrollkarte

Die Kontrollkarte ist in zwei Teile unterteilt: Der obere enthält das Kontrolldiagramm der Mittelwerte und der untere das Kontrolldiagramm der Streubereiche (siehe Zeichnung 8 auf Seite 138).

### A. Kontrolldiagramm der Mittelwerte

Auf dieser Zeichnung (deren Abszisse die Ordnungszahl jeder Probe (139) und
deren Ordinate die Mittelwerte aufzeigt) trägt man nach Maßgabe ihrer Bestimmung, die Mittelwerte jeder Probe: $\bar{x}_1$, $\bar{x}_2$, .... $\bar{x}_k$ ein. Wenn ungefähr
25 Punkte vorliegen und man den allgemeinen Mittelwert $\overline{X}$ der Serie der Proben geschätzt hat, zeichnet man eine Gerade oder Achse parallel zur Abszisse
ein, deren Ordinate der Schätzung des allgemeinen Mittelwertes $\overline{X}$ entspricht.

Wenn die Produktion stabil ist (140), verteilen sich diese Abweichungen gemäß der Normalverteilung um den Mittelwert. Zeichnerisch dargestellt entspricht diese Verteilung der Glockenkurve, - auch Gauss-Kurve genannt. Wir
wollen uns weiterhin merken, daß, - selbst wenn die Verteilung der x-Werte
nicht normal ist, - die der $\bar{x}$ auf die Normalverteilung zustrebt. Die Stabilität
einer Produktion setzt jedoch nicht voraus, daß alle individuellen Werte der
Mittelwerte konstant bleiben. Lediglich ihre Verteilung soll unverändert bleiben.

---

139) Wenn eine Diagnostik aufgestellt wird, zeigt die Abszisse die Zeit an. Jeden Tag
oder mehrere Male am Tag werden Proben entnommen und ihre Charakteristiken in
dieses Diagramm eingetragen. Man erhält so eine chronologische Übersicht vom Gang
der Maschine.

140) D. h., wenn die Abweichungen vom Mittelwert sich aus der Addition einer großen
Zahl von kleinen aleatorischen Variablen und Unabhängigkeiten zusammensetzen.

Für eine stabile Produktion verteilen sich die Punkte $\overline{x}_1$, $\overline{x}_2$, ... $\overline{x}_k$ um die $\overline{X}$ - Achse herum. Wenn das nicht der Fall ist, werden die Punkte auf beiden Seiten in mehr oder weniger große Entfernungen von dieser Achse fallen.

Das Problem, das sich jetzt stellt, ist die Berechnung der VERTRAUENSGREN-ZEN. Wir erinnern uns daran, daß kein Punkt diese Grenzen überschreiten darf, ohne eine bedeutsame Abweichung zu bestätigen, die eine Unregelmä-ßigkeit der Maschine, einen Fehler der Arbeiter usw. anzeigen würde.

Wenn die Maschine nicht in Unordnung gerät, dann ist die Verteilung der Ab-weichungen vollkommen definiert. Deshalb sind wir z.B. in der Lage, zu wis-sen, daß 998 $^{O}$/oo dieser Abweichungen in einem bestimmten Intervall, - des-sen Grenzen Vertrauensgrenzen bezeichnet werden, - eingeschlossen sein müs-sen. Wenn in einem gegebenen Augenblick ein Punkt außerhalb dieser Gren-zen fällt, ist die Möglichkeit, daß dies durch eine Anomalie der Fabrikation hervorgerufen wurde, sehr groß.

Wenn man die Methode XW verwendet, dann ist es das einfachste und schnell-ste Verfahren zur Berechnung der Vertrauensgrenzen des Mittelwerts, vom mitt-leren Streubereich $\overline{w}$ auszugehen.

Man weiß, daß 998 $^{O}$/oo der Mittelwerte im Intervall

$$\overline{X} \pm \frac{3,09}{\sqrt{n}} \cdot \sigma \qquad \text{liegen müssen, woraus sich ergeben :}$$

$$\text{die Vertrauensgrenzen} \qquad = \overline{X} \pm \frac{3,09}{\sqrt{n}} \cdot \sigma \qquad (6)$$

die im allgemeinen in der folgenden Form geschrieben werden :

$$\text{Vertrauensgrenzen} \qquad = \overline{X} \pm A_{o,oo1} \cdot \sigma \qquad (7)$$

$$\text{in welcher } A_{o,oo1} \quad ( \text{ das } \frac{3,09}{\sqrt{n}} \text{ entspricht } )$$

in Tafel VII (im Anhang) gegeben wird.

Andererseits besteht eine mathematische Beziehung zwischen dem Streubereich und der Standardabweichung, von der wir bereits gesprochen haben. Diese Be-ziehung läßt sich wie folgt ausdrücken :

$$\overline{w} = d_n \cdot \sigma$$

oder anders geschrieben :

$$\sigma = \frac{\overline{w}}{d_n} \qquad (8)$$

$d_n$ ist hierbei ein Koeffizient, der sich in Funktion von n verändert - d.h. in Funktion der Probenumfänge (Siehe Tabelle VII).

Wenn wir in Formel (6), - die auf der Standardabweichung aufbaut - $\sigma$ durch $\dfrac{\overline{w}}{d_n}$ ersetzen, erhalten wir :

$$\text{Vertrauensgrenzen} \quad = \quad \overline{X} \quad \pm \frac{3,09}{\sqrt{n \cdot d_n}} \quad \cdot \quad \overline{w} \tag{9}$$

was auch geschrieben werden kann :

$$\text{Vertrauensgrenzen} \quad = \quad \overline{X} \quad \pm \quad A'_{0,001} \quad \cdot \quad \overline{w} \tag{10}$$

$A'_{0,001}$ das hierbei $\dfrac{A_{0,001}}{d_n}$ entspricht

wird ebenfalls in Tafel VII ausgewiesen.

Man erhält demnach:

$$\text{Obere Vertrauensgrenze (O.V.G.)} \quad = \quad \overline{X} \quad + \quad A'_{0,001} \quad \cdot \quad \overline{w} \tag{11}$$

$$\text{Untere Vertrauensgrenze ( U.V.G.)} \quad = \quad \overline{X} \quad - \quad A'_{0,001} \quad \cdot \quad \overline{w} \tag{12}$$

Erforderlich ist nunmehr noch die Eintragung der Vertrauensgrenzen in das Kontrolldiagramm der Mittelwerte (ohne jedoch Punkt k zu überschreiten).

Bemerkungen :

1) Man kann für jede Wahrscheinlichkeit, mit der man einen bestimmten Prozentsatz von Punkten im Inneren der Vertrauensgrenzen zu erhalten wünscht, die Vertrauensgrenzen berechnen. Wenn wir in unserem Beispiel 998 $^\text{o}$/oo ausgewählt haben, so deshalb, weil dieser Tausendsatz von den meisten Unternehmern, die Kontrollkarten verwenden, angenommen wurde.

2) Bestimmte Autoren empfehlen es, auch Aufsichtsgrenzen oder WARNGRENZEN auf das Kontrolldiagramm der Mittelwerte (und der Streubereiche) einzutragen. 95 % der Mittelwerte (oder Streubereiche) werden innerhalb dieser Warngrenzen liegen müssen, die für das Kontrolldiagramm der Mittelwerte einem Intervall von

$$\overline{X} \quad \pm \quad \frac{1,96}{\sqrt{n}} \quad \cdot \quad \sigma \tag{13}$$

entsprechen, was auch so geschrieben werden kann :

$$\text{Warngrenzen} \quad = \quad \overline{X} \pm A_{0,025} \cdot \sigma \tag{14}$$

Wenn man die Methode XW verwendet, benützt man am häufigsten diese Grenzen in folgender Form :

$$\text{Warngrenzen} \quad = \quad \overline{X} \pm A'_{0,025} \cdot \overline{w} \tag{15}$$

damit man nicht von $\overline{w}$ auf $\sigma$ überzugehen braucht;

$$A'_{0,025} \quad \text{entspricht hier} \quad \frac{A_{0,025}}{d_n} \quad ;$$

(Anwendung von Formel (8)  )

Unserer Meinung nach sind solche Grenzen in den meisten Fällen unnötig und erschweren die Aufgabe des mit der Stichprobe beauftragten Prüfers.

3) Wieder andere Autoren meinen schließlich, daß in der Industrie die Berechnung der Vertrauensgrenzen und Warngrenzen auf der Basis von $3,09 \cdot \sigma$ und $1,96 \cdot \sigma$ nicht erforderlich sei und die Verwendung von $3 \cdot \sigma$ und $2 \cdot \sigma$ vollkommen ausreiche.

Da es jedoch bereits Tafeln gibt, die auf der Basis $3,09 \cdot \sigma$ und $1,96 \cdot \sigma$ berechnet sind, sehen wir die Nützlichkeit der Anwendung einer solchen Approximation, - so nahe sie auch an die Wirklichkeit heranreicht, - nicht ein. Wir wollen uns jedoch merken, daß das "Manual of Presentation of Data" Supplement B, Seite 50 die Koeffizienten-Tafeln liefert, die die Bestimmung der Grenzen auf der Basis von $3 \cdot \sigma$ ermöglichen.

## B. Kontrolldiagramm der Streubereiche

Das Kontrolldiagramm der Streubereiche wird auf die gleiche Art wie das der Mittelwerte aufgestellt (141). Die Abszisse zeigt die Ordnungszahl der Proben (oder der Zeit) an und die Ordinate den Wert der Streubereiche. Nachdem man die Werte $w_1$, $w_2$, ... $w_k$ nach Maßgabe ihrer Bestimmung auf dieser Zeichnung eingetragen hat, zeichnet man die $\overline{w}$-Achse ein - deren Ordinate dem Wert des mittleren Streubereiches der k Proben entspricht.

Wenn man die Verteilung des Streubereichs für Proben vom Umfange n kennt, kann man daraus die Koeffizienten D und D' herleiten, die (wie A und A' für

---

¹⁴¹) Siehe Zeichnung 8 auf Seite 138.

die Mittelwerte) die Berechnung der Vertrauensgrenzen der Streubereiche ermöglichen. 998 °/oo der Streubereiche werden demnach zwischen

$$D_{0,001} \cdot \sigma \text{ und } D_{0,999} \cdot \sigma$$

eingeschlossen sein müssen, oder (wenn man nicht zur Standardabweichung
übergehen will) 998 von 1000 Streubereichen werden zwischen

$$D'_{0,001} \cdot \overline{w} \text{ und } D'_{0,999} \cdot \overline{w}$$

eingeschlossen sein müssen; hierbei ist

$$D' = \frac{D}{d_n} \qquad (\text{ wie analog bei den Mittelwerten } A' = \frac{A}{d_n} \text{ war}).$$

Auf Grund dieses Tatbestandes sind die Formeln, die die Berechnung der Vertrauensgrenzen ermöglichen, die folgenden:

$$\text{Obere Vertrauensgrenze} = D_{0,999} \cdot \sigma = D'_{0,999} \cdot \overline{w} \qquad (16)$$

$$\text{Untere Vertrauensgrenze} = D_{0,001} \cdot \sigma = D'_{0,001} \cdot \overline{w} \qquad (17)$$

Ihre Koeffizienten D und D' (die in Funktion des Probenumfanges variieren)
werden in Tabelle VIII dargestellt (im Anhang).

Diese berechneten Vertrauensgrenzen werden auf dem Kontroll-Diagramm der
Streubereiche eingetragen (ohne jedoch den Punkt k zu überschreiten).

In den meisten Fällen wird die untere Vertrauensgrenze weder berechnet
noch in die Zeichnung eingetragen. Eines der Ziele der statistischen Stichprobenkontrolle ist die Reduzierung der Streuung auf ein Minimum; je schwä-
cher sie ausfällt, um so besser wird sie werden. Nur die obere Vertrauensgrenze (und selbstredend die $\overline{w}$ - Achse) wird auf dem Kontroll-Diagramm
der Streubereiche eingetragen werden, denn sie alleine interessiert den Her-
steller.

BEMERKUNGEN :

1) Die Koeffizienten D und D', die eben in diesem Beispiel vorgeführt wurden, werden in der Industrie am meisten verwendet.

2) Die Warngrenzen des Kontrolldiagramms der Streubereiche werden im allgemeinen auf die Art berechnet, daß 95 % der Streubereiche zwischen

$$D_{0,025} \cdot \sigma \text{ und } D_{0,975} \cdot \sigma$$

eingeschlossen werden.

128

Wenn man diesen Prozentsatz von 95 % annimmt, dann müssen die folgenden
Formeln angewendet werden :

$$\text{Obere Warngrenze} \quad (\text{O.W.G.}) \;=\; D_{0,975} \cdot \sigma = D'_{0,975} \cdot \overline{w} \quad (18)$$

$$\text{Untere Warngrenze} \quad (\text{U.W.G.}) \;=\; D_{0,025} \cdot \sigma = D'_{0,025} \cdot \overline{w} \quad (19)$$

Gewöhnlich wird nur die obere Warngrenze auf der Zeichnung eingetragen. Die
sehr schwachen Streuungen sind die günstigsten.

## 7. Auslegung und Nutzbarmachung von Kontrolldiagrammen

Wenn sich alle auf den Diagnostik-Diagrammen eingetragenen Punkte innerhalb der Vertrauensgrenzen befinden, kann man mit Recht daraus schließen,
daß ein Kontrollzustand besteht. Die Schwankungen der Mittelwerte und Streubereiche sind nur vom Zufall verursacht; - die Diagnose wird demnach günstig
sein. Wenn trotzdem Punkte außerhalb der Vertrauensgrenzen zu liegen kommen, so demonstriert das, daß bedeutsame Ursachen existieren, d.h. daß die
Variationen nicht dem Zufall entspringen. Der Techniker wird nun die Ursachen dieser Variationen identifizieren und die notwendigen technischen Korrekturen vornehmen. Wenn diese durchgeführt sind, wird man eine neue Diagnostik aufstellen (142).

Man kann jetzt die vom Ingenieur fixierten Toleranzen mit den Vertrauensgrenzen vergleichen. Die Toleranzen müssen weit AUSSERHALB der Vertrauensgrenzen liegen. Dieser Vergleich ermöglicht die Feststellung, ob die Maschine für die von ihr erwartete Arbeit brauchbar ist oder ob im Gegenteil, -
ihre Variabilität ihnen die Einhaltung der Toleranzen nicht ermöglicht. In
diesem Falle wird der Techniker die notwendigen Korrekturen vornehmen
oder, wenn das nicht möglich ist, neue Toleranzen außerhalb der Vertrauensgrenzen fixieren müssen.

Wenn der Kontrollzustand erreicht, die Vertrauensgrenzen innerhalb der Toleranzen und die Diagnose günstig ist, läßt man die Vertrauensgrenzen, die
jetzt der systematischen Fabrikationskontrolle dienen werden, für längere Zeit
gelten.

Im allgemeinen werden die Vertrauensgrenzen auf andere Kontrolldiagramme
übertragen. Die Zeichnungen, die der Diagnose gedient haben, werden getrennt aufbewahrt.

---

142) So lange, bis der Kontrollzustand wieder erreicht sein wird und man eine günstige
Diagnose erhält.

# 8. Streuungsgrenzen und Toleranzen

Wenn der Kontrollzustand erreicht ist, berechnet man außerdem noch die STREUUNGSGRENZEN, - um den Vergleich der Variabilität der Maschine (wenn man sie nicht schon kennt) mit den vom Ingenieur oder durch den Vertrag fixierten Toleranzen durchführen zu können.

Wenn man Stücke, die den Umfang X' aufweisen (143), zu erhalten wünscht, wird man in der Folge die Maschine einregulieren müssen. Des öfteren haben wir betont, daß keine Maschine genau identische Stücke produzieren kann. Die Folge wird im allgemeinen sein, daß sich die produzierten Stückumfänge gemäß dem Normalgesetz um den Umfang X' herum verteilen, wobei die Bedingung gemacht werden muß, daß keine Unregelmäßigkeit auftritt. Wir wissen weiter, daß sich bei diesen Bedingungen nahezu die Gesamtheit der erhaltenen Umfänge (effektiv 99,7 %) in dem Intervall

$$X' \pm 3,09 \cdot \sigma \tag{20}$$

(d.h. ein Intervall von $6,18 \cdot \sigma$) befinden muß (144).

Die fixierten Toleranzen müssen also größer oder gleich diesem Intervall von $6,18 \cdot \sigma$ sein.

Wenn wir die obere (durch den Ingenieur angezeigte) Toleranz mit $t_1$ und die untere Toleranz mit $t_2$ bezeichnen wollen, dann können wir schreiben:

$$t_1 - t_2 \geqq 6,18 \cdot \sigma \tag{21}$$

Auf der Basis der bestehenden Beziehung zwischen $\bar{w}$ und $\sigma$ (durch Formel (8) ), erhalten wir:

$$t_1 - t_2 \geqq \frac{6,18 \cdot \bar{w}}{d_n} \tag{22}$$

wobei:

$$\bar{w} \leqq \frac{d_n}{6,18} \, (t_1 - t_2) \tag{23}$$

Tafel VII gibt uns für die verschiedenen Werte von n den Faktor $L = \dfrac{d_n}{6,18}$. Man hat demnach:

$$\bar{w} \leqq L \, (t_1 - t_2) \tag{24}$$

---

143) X' ist der Umfang, den man zu erhalten wünscht, und X ist der effektive Mittelwert der erhaltenen Umfänge.

144 Wobei $\sigma$ die Standardabweichung der Verteilung dieser Umfänge verkörpert.

Wenn die Ungleichheit der Formel (24) erfüllt ist, kann die Maschine mit der gewünschten Präzision fabrizieren, - wenn sie jedoch nicht erfüllt ist, wird man die notwendigen technischen Korrekturen anbringen oder die Toleranzen ändern müssen.

Man begnügt sich im allgemeinen mit der Eintragung der Streuungsgrenzen auf das Kontrolldiagramm der Mittelwerte. In diesem Falle geht man wie folgt vor.

Wenn die Maschine gut einreguliert ist, dann kann der Umfang, den man zu erhalten wünscht $(X')$ durch den allgemeinen Mittelwert der wirklichen Umfänge $(\bar{X})$ ersetzt werden. Die Streuungsgrenzen werden dann zu:

$$\text{Obere Streuungsgrenze (O. St. G.)} = \bar{X} + 3,09 \cdot \sigma \qquad (25)$$
$$\text{Untere Streuungsgrenze (U. St. G.)} = \bar{X} - 3,09 \cdot \sigma \qquad (26)$$

Da die letzte Methode nicht direkt den Wert der Standardabweichung liefert, muß man diese mit Hilfe der Formel (8) schätzen; letztere (weil man eine Division vermeiden will) kann auch geschrieben werden:

$$\sigma = \frac{1}{d_n} \cdot \bar{w} \qquad (27)$$

der Koeffizient $\dfrac{1}{d_n}$ wird in Tafel VII gegeben.

Ersetzen wir in den Formeln (25) und (26) $\sigma$ durch $\dfrac{1}{d_n} \cdot \bar{w}$ so erhalten wir:

$$\text{Streuungsgrenzen} = \bar{X} \pm \frac{3,09}{d_n} \cdot \bar{w} \qquad (28)$$

Für $J = \dfrac{3,09}{d_n}$ (J wird in Tafel VII im Anhang gegeben.)

Die Streuungsgrenzen können mit Hilfe folgender Formeln erhalten werden:

$$\text{Obere Streuungsgrenze} = \bar{X} + J \cdot \bar{w} \qquad (29)$$
$$\text{Untere Streuungsgrenze} = \bar{X} - J \cdot \bar{w} \qquad (30)$$

BEMERKUNGEN:

Die Formeln (25) und (26) oder (29) und (30) können nur dann verwendet werden, wenn man es mit einer NORMALEN Verteilung zu tun hat. Wenn die Verteilung der Umfänge UNBEKANNT ist, kann man die Vertrauensgrenzen nur für einen Wert von $\pm 3 \cdot \sigma$ entwerfen. Tatsächlich erlaubt das Theorem von Bienaymé - Tchébycheff den Schluß, daß die beobachtete Wahrscheinlichkeit

(145), wenn die Verteilungsform unbekannt ist, im Maximum von 1/9 (das sind ungefähr 11 %) einer gleichen oder höheren Abweichung als 3 Standardabweichungen entspricht. Im Falle einer unbekannten Verteilung werden die Streuungsgrenzen nach folgenden Formeln aufgestellt:

$$\text{Obere Streuungsgrenze} = \overline{X} + 3 \cdot \sigma \qquad (31)$$

$$\text{Untere Streuungsgrenze} = \overline{X} - 3 \cdot \sigma \qquad (32)$$

Die Standardabweichung kann z. B. nach Formel (8) oder (27) geschätzt werden (146).

## 9. Fabrikationskontrolle durch systematische Stichproben

Wenn der Kontrollzustand erreicht ist und die Diagnose gezeigt hat, daß die Variabilität der Maschine die Einhaltung der Toleranzen ermöglicht, kann man den Rhythmus der Probenentnahme verlangsamen. Wir haben im Abschnitt 3 Ziffer 2 gesagt, daß man - um sich über eine eventuelle Unregelmäßigkeit der Maschine Rechenschaft abgeben zu können - Interesse an einer ausreichenden Häufigkeit der Probenentnahme hat. Wir werden deshalb nicht auf diesen Punkt zurückkommen.

Wenn im Verlauf der Fabrikation ein Punkt aus den Vertrauensgrenzen heraustritt, kann man sicher sein, daß sich einige anomale Faktoren auswirken. Nach SHEWHART (der die Kontrollkarten schuf) können wir nur wiederholen, daß vom industriellen Gesichtspunkt aus, die Erfahrung zeigt, daß jedesmal, wenn eine Abweichung größer als drei Standardabweichungen ist, sie als bedeutsam angesehen werden kann und daß die Ausnahmeursache dieser Abweichung immer schon nach einigen Untersuchungen vom Techniker bestimmt werden kann. Wir wollen uns weiterhin noch merken, daß die Posten, die eine solche Abweichung aufweisen, immer zu 100 % kontrolliert werden müssen.

Die Kontrollkarten-Methoden ermöglichen eine Aufrechterhaltung der Fabrikation im Kontrollzustande und folglich die Aufrechterhaltung und sogar die Verbesserung der Qualität des Produkts. Diese Methoden können sehr rasch angewendet werden und bewirken im allgemeinen eine Senkung des Selbstkostenpreises. Nur die Praxis ermöglicht das Maximum an Auskünften aus den Kontrolldiagrammen herauszuholen. Man darf jedoch niemals übersehen, daß das Kontrolldiagramm der Mittelwerte, - die Konstanz von kontrollierten Operationen (147) wiedergibt, -während das Diagramm der Streubereiche die Präzision der Ausführung anzeigt (148).

---

145) Diese Wahrscheinlichkeit ist 3 %, bei normaler Verteilung.

146) Weitere Schätzungen der Standardabweichung siehe bei Methode $X_\sigma$ auf Seite 143.

147) Diese Graphik zeigt z. B. die Abnutzung eines Werkzeuges, die Unregelmäßigkeiten einer Maschine, usw.

148) In Wirklichkeit verändert sich die Variabilität der Maschine im allgemeinen nicht, selbst wenn eine Unregelmäßigkeit dazukommt.

Die Kontrollkartenmethode ist, - wenn man sie an automatischen Maschinen verwendet, - sehr genau. Sie kann jedoch auch an Maschinen, die von Hand bedient werden, verwendet werden. Zur Variabilität der Maschine kommt in diesem Falle noch die Variabilität der Arbeitskraft hinzu. Die Analyse der Ergebnisse wird dann etwas komplexer. Die von den Diagrammen aufgedeckten Unregelmäßigkeiten können jetzt von den Arbeitern, von den Maschinen oder von dem Ursachenverhältnis "Arbeiter-Maschine" hervorgerufen worden sein. Die Fabrikationsschwankungen werden demnach insbesondere durch die Kontrolldiagramme der Streubereiche aufgedeckt werden. Der Prüfer wird immer jeden Fall besonders untersuchen und die Variationsursachen aufschreiben müssen.

Die Einführung der Kontrollkarten verbessert meistens das Arbeitsergebnis der Handarbeiter. Weil der Arbeiter weiß, daß alle seine Fehler und seine Unaufmerksamkeiten durch einen Punkt außerhalb der Vertrauensgrenzen sichtbar werden können, verdoppelt er seinen Eifer ...... besonders dann, wenn man eine Qualitätsprämie (die auf den Sondierungen durch Stichproben aufbaut) vorsieht. Der Arbeiter lernt die Kontrolldiagramme, die an jeder Maschine sichtbar angebracht sind, schnell lesen und bemüht sich eine gleiche Qualität aufrechtzuerhalten oder ruft selbst einen Vorarbeiter, wenn er über die Einregulierung seiner Maschine Zweifel hat.

## 10. Kontrollkarte für Maschinengruppen

Wenn ein Arbeiter gleichzeitig mehrere Maschinen bedienen muß und die Vertrauensgrenzen für jede Maschine (149) ungefähr dieselben sind, ist die Aufstellung einer einzigen Kontrollkarte für die Maschinengruppe möglich. Es versteht sich von selbst, daß man vorher für jede Maschine eine SEPARATE Diagnose stellen muß.

Die Einrichtung einer Gruppenkontrollkarte wird wie folgt durchgeführt:

a) Der Prüfer numeriert die zur Gruppe gehörigen Maschinen.

b) Er berechnet die MITTLEREN Vertrauensgrenzen und die MITTLEREN Streuungsgrenzen für die Gesamtheit der Maschinengruppe.

c) Zur Zeit jeder Stichprobe trägt der Prüfer den Punkt auf dem Kontrolldiagramm der Gruppenmittel ein, der den stärksten und den schwächsten Mittelwert verkörpert. Er kennzeichnet den Punkt gleichzeitig mit der Nummer der Maschine, für die er registriert wurde.

d) Das gleiche führt der Prüfer nun für die Streubereiche durch. In der Praxis ist es ausreichend, wenn auf der Zeichnung der ausgedehnteste Streubereich notiert wird. Dabei vermerkt man die Nummer der Maschine, die ihn hervorgebracht hat.

---

149) Die Maschinen-Variabilität ist also von derselben Größenordnung.

Wir wollen uns nocheinmal daran erinnern, daß die Maschinengruppen-Kontrollkarten nur dann eingerichtet werden können, wenn die Maschinen identische oder beinahe identische Variabilität besitzen und die Maschinen die gleichen Produkte fabrizieren.

## 11. Einige Anwendungsbeispiele der Methode XW

Beispiel I. - Erstellen einer Diagnostik.

Eine Fabrik erhält eine Bestellung über 5.000 Röhren mit einem Durchmesser von je 10 mm. Die vertraglich festgelegten Toleranzen betragen $\pm$ 0,40 mm. Der Fabrikations-Chef beschließt die Verwendung einer neuen Maschine, deren Streuung aber noch unbekannt ist; diese Maschine soll ungefähr 150 Röhren pro Minute herstellen können. Ein Prüfer wird mit der Errichtung der Diagnostik dieser Fabrikation unter Verwendung der Methode XW beauftragt.

1) Nachdem die Maschine, mit der Absicht Röhren mit einem Durchmesser von 10 mm zu produzieren, einreguliert worden ist, nimmt der Prüfer die ersten 100 produzierten Röhren heraus und formt 25 Proben mit je 4 Röhren. Er mißt diese 100 Röhren sehr genau (oder läßt sie messen) und trägt die erhaltenen Ergebnisse auf der Daten-Karte ein (siehe Tabelle 21).

2) Nach der Bestimmung der Maße, berechnet der Prüfer den Mittelwert und den Streubereich jeder Probe und trägt sie auf der Daten-Karte ein (Formel (1) und (4) ). Für die erste Probe erhält man z.B. :

$$\bar{x}_1 = \frac{\Sigma x}{n} = \frac{40,08}{4} = 10,02$$

$$w_1 = x_{max} - x_{min} = 10,24 - 9,80 = 0,44$$

Er trägt den so erhaltenen Mittelwert und den Streubereich in die zwei Kontrolldiagramme ein (siehe Zeichnung 8).

3) Wenn die 25 Mittelwerte und Streubereiche in die Diagramme eingetragen worden sind, berechnet der Prüfer den allgemeinen Mittelwert $\bar{X}$ und den mittleren Streubereich $\bar{w}$ nach den Formeln (2) und (5):

134

Tabelle 21

**Datenkarte, Methode XW**

Nr. 1

Vertrag Nr. 9887/A — Maschine Haller — Stück : Röhre
Entwurf Nr. 1343 — Typ AF/19.. — Merkmal : Durchmesser
Umfang der Stichprobe : 4 — Nr. 27 — Umfang : 10 mm
Ausstoßgeschwindigkeit 150/h — Toleranz $\pm$ 0,40

| Datum / Stunde | | | | | | | | |
|---|---|---|---|---|---|---|---|---|
| Probe Nr. | 1 | 2 | 3 | 4 | 5 | 6 | 7 | 8 |
| x1 | 9,98 | 10,13 | 9,97 | 9,98 | 9,96 | 10,09 | 10,00 | 10,36 |
| x2 | 10,24 | 10,02 | 10,03 | 10,14 | 9,94 | 10,14 | 9,87 | 9,81 |
| x3 | 10,06 | 9,94 | 9,90 | 10,02 | 9,97 | 10,13 | 10,01 | 10,08 |
| x4 | 9,80 | 9,91 | 10,14 | 10,06 | 9,97 | 10,16 | 10,20 | 10,19 |
| x5 | | | | | | | | |
| x6 | | | | | | | | |
| x7 | | | | | | | | |
| x8 | | | | | | | | |
| $\Sigma$x | 40,08 | 40,00 | 40,04 | 40,20 | 39,84 | 40,52 | 40,08 | 40,44 |
| $\bar{x}$ | 10,02 | 10,00 | 10,01 | 10,05 | 9,96 | 10,13 | 10,02 | 10,11 |
| w | 0,44 | 0,22 | 0,24 | 0,16 | 0,03 | 0,07 | 0,33 | 0,55 |

| Datum / Stunde | | | | | | | | |
|---|---|---|---|---|---|---|---|---|
| Probe Nr. | 9 | 10 | 11 | 12 | 13 | 14 | 15 | 16 |
| x1 | 10,16 | 9,94 | 10,14 | 10,07 | 9,92 | 9,87 | 9,92 | 9,99 |
| x2 | 10,18 | 9,97 | 9,90 | 10,15 | 10,14 | 9,67 | 9,75 | 9,94 |
| x3 | 9,88 | 9,99 | 10,00 | 9,97 | 10,00 | 9,67 | 9,86 | 9,91 |
| x4 | 10,18 | 9,86 | 9,88 | 10,09 | 10,02 | 10,10 | 10,07 | 9,88 |
| x5 | | | | | | | | |
| x6 | | | | | | | | |
| x7 | | | | | | | | |
| x8 | | | | | | | | |
| $\Sigma$x | 40,40 | 39,76 | 39,92 | 40,28 | 40,08 | 39,48 | 39,60 | 39,72 |
| $\bar{x}$ | 10,10 | 9,94 | 9,98 | 10,07 | 10,02 | 9,87 | 9,90 | 9,93 |
| w | 0,30 | 0,13 | 0,26 | 0,18 | 0,22 | 0,43 | 0,32 | 0,11 |

| Datum /Stunde | | | | | | | | |
|---|---|---|---|---|---|---|---|---|
| Probe Nr. | 17 | 18 | 19 | 20 | 21 | 22 | 23 | 24 |
| x1 | 9,92 | 10,01 | 10,26 | 10,01 | 9,96 | 10,10 | 10,19 | 9,88 |
| x2 | 10,00 | 10,06 | 10,16 | 9,94 | 10,10 | 9,85 | 10,15 | 10,03 |
| x3 | 10,12 | 10,01 | 9,89 | 10,14 | 9,98 | 9,97 | 9,99 | 10,06 |
| x4 | 9,96 | 9,96 | 10,01 | 9,91 | 9,84 | 10,00 | 10,03 | 10,14 |
| $\Sigma$x | 40,00 | 40,04 | 40,32 | 40,00 | 39,88 | 39,92 | 40,36 | 40,12 |
| $\bar{x}$ | 10,00 | 10,01 | 10,08 | 10,00 | 9,97 | 9,98 | 10,09 | 10,03 |
| w | 0,20 | 0,10 | 0,37 | 0,23 | 0,26 | 0,25 | 0,20 | 0,26 |

| Datum/Stunde | | |
|---|---|---|
| Probe Nr. | 25 | |
| x1 | 10,06 | |
| x2 | 10,01 | |
| x3 | 9,93 | |
| x4 | 9,92 | |
| x5 | | |
| x6 | | |
| x7 | | |
| x8 | | |
| $\not\Sigma$x | 39,92 | |
| $\bar{x}$ | 9,98 | |
| w | 0,14 | |

$$\bar{X} = \frac{\not\Sigma \bar{x}}{k} = \frac{250,25}{25} = 10,01$$

$$\bar{w} = \frac{\not\Sigma w}{k} = \frac{6,00}{25} = 0,24$$

<u>Mittelwerte:</u>

O. Vertrauensgrenze $= \bar{X} + A'_{0,001} \cdot \bar{w} = 10,01 + 0,75 \cdot 0,24 = 10,19$

U. Vertrauensgrenze $= \bar{X} - A'_{0,001} \cdot \bar{w} = 10,01 - 0,75 \cdot 0,24 = 9,83$

O. Streuungsgrenze $= \bar{X} + J.\bar{w}. = 10,01 + 1,501 \cdot 0,24 = 10,37$

U. Streuungsgrenze $= \bar{X} - J.\bar{w}. = 10,01 - 1,501 \cdot 0,24 = 9,65$

<u>Streubereiche :</u>

O. Vertrauensgrenze $= D'_{0,999} \cdot \bar{w} = 2,57 \cdot 0,24 = 0,6168$

U. Vertrauensgrenze $= D'_{0,001} \cdot \bar{w} = 0,10 \cdot 0,24 = 0,024$

$w \lessapprox L(t_1 - t_2); \quad 0,24 \lessapprox 0,33 \cdot 0,8; \quad 0,24 \lessapprox 0,264$

Datum:      <u>Diagnose:</u> günstig, 3 % Ausschuß.
In jeder Stunde sind 2 Proben mit
je vier Röhren zu entnehmen.

$$\bar{X} = \frac{\Sigma \bar{x}}{k} = \frac{250,25}{25} = 10,01$$

$$\bar{w} = \frac{\Sigma w}{k} = \frac{6,00}{25} = 0,24$$

Der Prüfer trägt diese Ergebnisse auf der Daten-Karte ein und zeichnet die $\bar{X}$
- und die $\bar{w}$ - Achsen in die Kontroll-Diagramme ein.

4) Der Prüfer errichtet nun die Vertrauensgrenzen für die Mittelwerte und für die Streubereiche mit Hilfe der Formeln (11), (12) und (16), (17).

Die Tafeln VII und VIII liefern uns für Stichproben mit dem Umfange von 4 die folgenden Werte :

$$A'_{0,001} = 0,750$$

$$D'_{0,999} = 2,57$$

$$D'_{0,001} = 0,10$$

Die Vertrauensgrenzen der Mittelwerte werden so bestimmt :

Obere Vertrauensgrenze (O.V.G.) $= \overline{X} + A'_{0,001} \cdot \overline{w}$

$$= 10,01 + 0,75 \cdot 0,24 = 10,19$$

Untere Vertrauensgrenze (U.V.G.) $= \overline{X} - A'_{0,001} \cdot \overline{w}$

$$= 10,01 - 0,75 \cdot 0,24 = 9,83$$

Die Vertrauensgrenzen der Streubereiche :

Obere Vertrauensgrenze (O.V.G.) $= D'_{0,999} \cdot \overline{w}$

$$= 2,57 \cdot 0,24 = 0,6168$$

Untere Vertrauensgrenze (U.V.G.) $= D'_{0,001} \cdot \overline{w}$

$$= 0,10 \cdot 0,24 = 0,024$$

Der Prüfer wird auf den Zeichnungen nur die Vertrauensgrenzen der Mittelwerte und die obere Vertrauensgrenze der Streubereiche einzeichnen, - weil die untere Vertrauensgrenze nicht erforderlich ist.

5) Alle auf den Kontrolldiagrammen eingetragenen Punkte liegen innerhalb der Vertrauensgrenzen.

Der Prüfer schließt hieraus, daß ein Kontrollzustand besteht. Die vertraglich fixierten Toleranzen liegen ferner weit außerhalb der Vertrauensgrenzen der Mittelwerte. Der Prüfer zeichnet diese Toleranzen (d.h. die Linie für $t_1$ = 10,4 mm und die Linie für $t_2$ = 9,6 mm) auf dem Kontrolldiagramm der Mittelwerte ein.

Zeichnung 8
**Kontrollkarte, Methode XW**
(Siehe Daten-Karte Nr. 1, Tabelle 21 auf S. 135)

Kontrolle des Mittelwerts

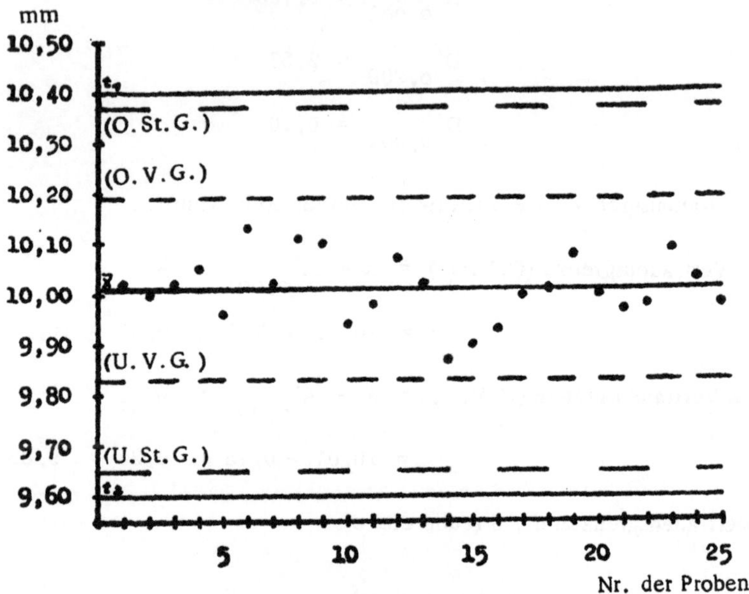



Kontrolle des Streubereichs

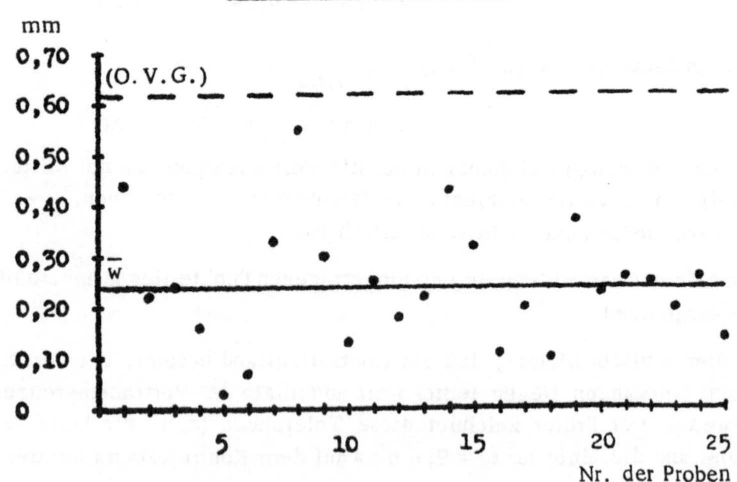



138

6) Jetzt berechnet der Prüfer nach den Formeln (29) und (30) die Streuungsgrenzen. Tafel VII zeigt bei Proben vom Umfange 4 und für $J = 1,501$ an;
hieraus ergeben sich :

Obere Streuungsgrenzen (O. St. G. ) $= \overline{X} + J \cdot \overline{w}$

$$= 10,01 + 1,501 \cdot 0,24 = 10,37$$

Untere Streuungsgrenzen (U. St. G. ) $= \overline{X} - J \cdot \overline{w}$

$$= 10,01 - 1,501 \cdot 0,24 = 9,65$$

Diese beiden Streuungsgrenzen werden auf dem Kontrolldiagramm der Mittelwerte eingetragen.

7) Der Prüfer berechnet nun noch die Ungleichheit der Formel (24), damit er
bestimmen kann, ob die Maschine in der Lage ist, die gewünschte Präzision
zu fabrizieren. Tabelle VII zeigt ihm : $L = 0,33$; hieraus folgt :

$$\overline{w} \lessgtr L ( t_1 - t_2 )$$

$$0,24 \lessgtr 0,33 \cdot 0,80$$

$$0,24 \lessgtr 0,264$$

Die Ungleichung ist erfüllt : die Maschine kann demnach mit der geforderten
Präzision fabrizieren.

8) Wir haben nun nur noch die Diagnose zu stellen. Da der Kontrollzustand besteht, die Toleranzen sich außerhalb der Vertrauensgrenzen und der Streuungsgrenzen befinden und die Maschine mit der gewünschten Präzision zu fabrizieren ermöglicht, wird auch die Diagnose günstig ausfallen.

Auf der Zeile "BEMERKUNGEN" vermerkt der Prüfer, daß man im Maximum
3 % Ausschuß erwarten kann, - denn die äußeren Streuungsgrenzen liegen innerhalb der Toleranzen. Da die Maschine ungefähr 150 Röhren pro Stunde produziert, wird man jede Stunde zwei Proben mit 4 Röhren zur Kontrolle entnehmen (das sind 5, 3 % der Produktion).

Beispiel 2. - Lesen der Kontrolldiagramme.

Eine Maschine produziert Röhren, deren Durchmesser mit Hilfe systematischer
Stichproben kontrolliert werden. Man entnimmt jede Stunde eine Probe vom
Umfange 5. Die Kontrollkarte sieht wie Zeichnung 9 aus.

Die Mittelwerte zeigen eine Tendenz zur Verminderung und unterschreiten

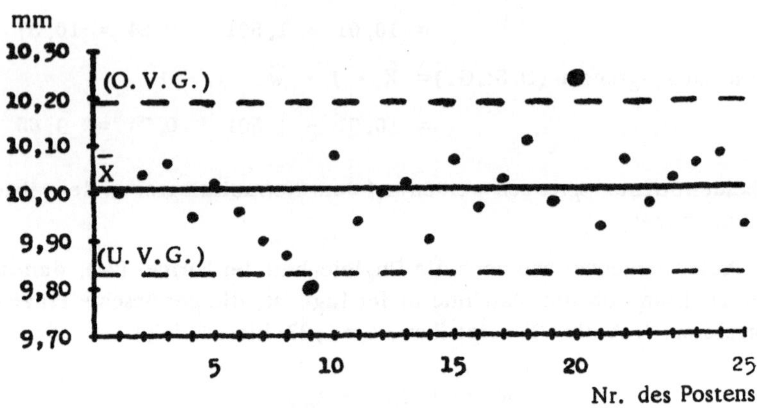



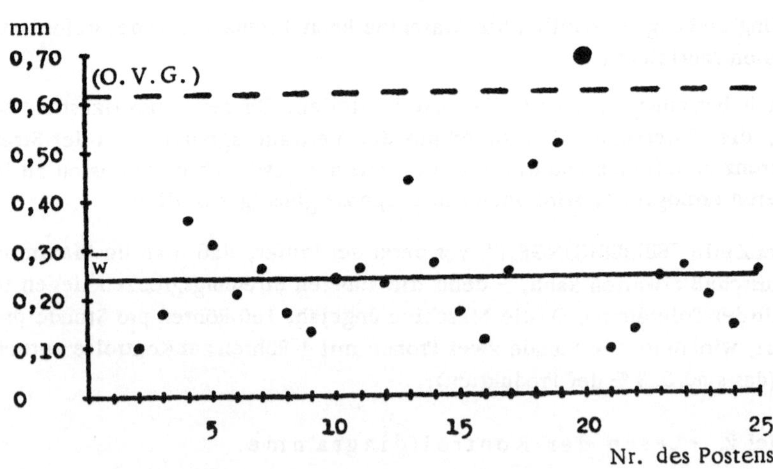



Bemerkungen: Posten  9 : Regulierung der Maschine
Posten 20 : Lösen einer Schraube.

Zeichnung 10
Kontrollkarte, Methode XW


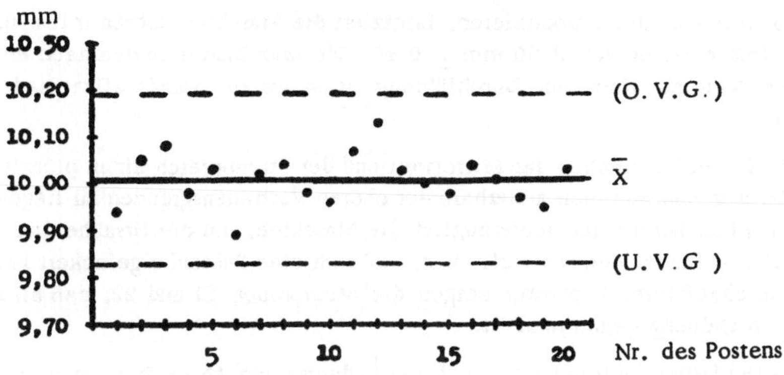

Kontrolle des Mittelwerts
mm
10,30
10,20 (O.V.G.)
10,10
10,00 X̄
9,90
9,80 (U.V.G)
9,70
5 10 15 20 Nr. des Postens


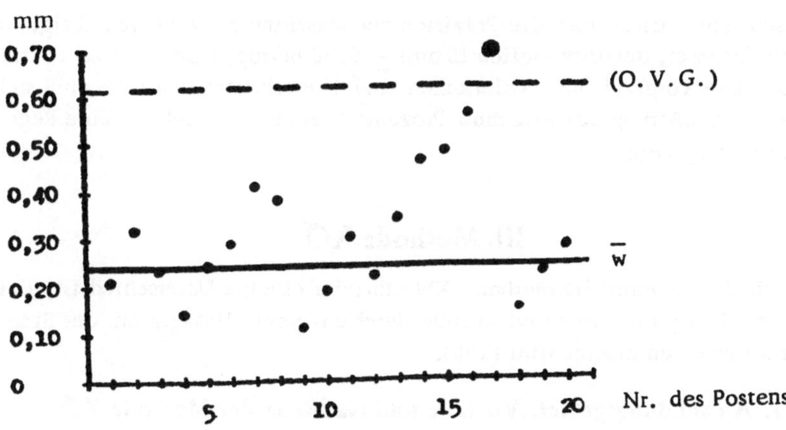

Kontrolle des Streubereichs
mm
0,70
0,60 (O.V.G.)
0,50
0,40
0,30 w̄
0,20
0,10
0
5 10 15 20 Nr. des Postens

schließlich in der 9. Stunde die untere Kontrollgrenze, während die Streubereiche fortfahren, sich regelmäßig um die $\overline{w}$-Achse zu verteilen. Das bedeutet, daß die Maschine eine Tendenz zur Produktion von Röhren mit immer kleiner werdendem Durchmesser hat, - daß aber dabei die Variabilität der Maschine immer die gleiche bleibt. Anstatt Röhren mit einem Durchmesser von 10 mm $\pm$ 0,40 zu produzieren, fabriziert die Maschine Röhren mit z. B. einem Durchmesser von 9,80 mm $\pm$ 0,40. Die Maschine muß demnach einreguliert werden. Nach der Durchführung ist in der 10. Stunde alles wieder normal.

In der 20. Probe machen der Mittelwert und der Streubereich einen plötzlichen Sprung und kommen außerhalb der oberen Vertrauensgrenzen zu liegen. Ein Techniker kontrolliert unverzüglich die Maschine, um die Ursache dieser Anomalie aufzudecken. Er stellt fest, daß sich eine Schraube gelockert hat. Nach durchgeführter Reparatur zeigen die Stichproben 21 und 22, daß alles wieder in Ordnung gekommen ist.

N. B. - Der Prüfer muß die Ursachen dieser bedeutsamen Abweichungen immer auf der Kontrollkarte verzeichnen. Die Posten 9 und 20 müssen ferner zu 100 % kontrolliert werden.

Beispiel 3. - Lesen der Kontrolldiagramme.

Die Kontrollkarte zeigt an, daß die Mittelwerte sich normal um die $\overline{X}$ - Achse verteilen, daß aber die Streubereiche laufend größer werden und schließlich die obere Vertrauensgrenze überschreiten (siehe Zeichnung).

Man schließt daraus, daß die Präzision der Maschine zu wünschen übrigläßt. Der Durchmesser, der ursprünglich 10 mm $\pm$ 0,36 betrug, wird jetzt zu 10 mm $\pm$ 0,43. Die vorgesehenen Toleranzen sind überschritten und man muß sich auf eine Vergrößerung des Ausschuß-Prozentsatzes gefaßt machen. Eine Regulierung ist angezeigt.

# III. Methode X$\sigma$

Die Methode X$\sigma$ ähnelt der Methode XW sehr; der einzige Unterschied ist, daß das Kontrolldiagramm der Streubereiche durch das Kontrolldiagramm der Standardabweichungen ersetzt wird (150).

## 1. Anwendungsgebiet, Vorteile und Nachteile der Methode X$\sigma$

Das Anwendungsgebiet der Methode X$\sigma$ ist das gleiche wie das der Methode XW.

---

150) S. h.: Graf-Henning: Stat. Methoden (a. a. O.). S. 213 ff. — Derselbe: Formeln und Tabellen (a. a. O.). S. 464 ff.

Die Standardabweichung ist ein viel besseres Streuungsmaß als der Streubereich. Sie berücksichtigt in der Wirkung bei der Aussage über den Mittelwert
den Wert jeder Abweichung (151). Infolgedessen ist das Kontrolldiagramm der
Standardabweichungen viel bedeutsamer als das der Streubereiche.

Es muß jedoch vermerkt werden, daß der Probenumfang viel größer - wie der
bei der Methode XW vorgesehene - sein muß. Es ist notwendig, Proben mit
mindestens 10 Stücken zu entnehmen. Die Umfänge zwischen 15 und 20 werden im allgemeinen in der Industrie am häufigsten verwendet.

Der Hauptnachteil dieser Methode ist es, daß die Berechnung der Standardabweichung jeder Probe relativ lang und kompliziert ist.

## 2. Terminologie

Unsere Terminologie bleibt die gleiche wie wir sie zur Beschreibung der Me-
thode XW verwandten (siehe Seite 122). Hinzu kommen lediglich s, das die
Schätzung der Standardabweichung einer Probe verkörpert und ferner $\sigma$ als
Ausdruck für die Schätzung der Standardabweichung einer Serie von Proben.

## 3. Die Kontrolldiagramme

Nach der Errichtung der Daten -Karte nach Maßgabe der Probenentnahme berechnet man den Mittelwert der Messungen jeder Probe (gemäß Formel (1) auf
Seite 122).

Die Formel, die die Schätzung der Standardabweichung jeder Probe ermöglicht, ist folgende :

$$s = \sqrt{\frac{(\Sigma x - \bar{x})^2}{n}} \qquad (33)$$

Die Werte von $\bar{x}$ und s werden für jede Probe auf die Kontrolldiagramme eingetragen (152).

Wenn die Anzahl der entnommenen Proben groß genug ist (153), stellt man
den allgemeinen Mittelwert auf (154) und schätzt die Standardabweichung der
Serie der Proben ( $\sigma$ ).

---

151) Und nicht nur extreme Werte.

152) Nämlich: dem Kontrolldiagramm der Mittelwerte und dem Kontrolldiagramm der
Standardabweichungen.

153) Zwischen 20 und 30. das sind 250 bis 500 Elemente.

154) Nach Formel (2) von Seite 123.

Drei Hauptverfahren ermöglichen die Schätzung von $\sigma$ :

**A. Schätzung der Standardabweichung mit Hilfe der Streubereiche**

Wir haben bei der Beschreibung der Methode XW bereits von diesem Verfahren gesprochen. Wenn man die Methode X$\sigma$ verwendet, schreibt man die Formel (8) von Seite 125 gewöhnlich :

$$\sigma = \frac{1}{d_n} \cdot \frac{\pounds w}{k} \tag{34}$$

Tafel VII gibt uns den Koeffizienten $^1/d_n$ .

Dieses Schätzverfahren bietet den Vorteil, daß es sehr leicht zu berechnen ist, aber es kann nur dann verwendet werden, wenn :

- die Verteilung der Abweichung normal ist oder der Normalkurve wenigstens ähnelt,

- die Probenumfänge identisch sind,

- die Probenumfänge kleiner oder gleich 10 sind,

was jedoch die Verwendung dieses Verfahrens beträchtlich einschränkt (155).

**B. Schätzung der Standardabweichung mit Hilfe des Mittelwertes**

   **der Standardabweichungen der Proben**

$$\bar{\sigma} = \frac{1}{b_n} \cdot \frac{s}{k} \tag{35}$$

Tafel IX gibt uns den Koeffizienten $^1/b_n$ .

Wie das vorige Verfahren, so setzt diese Formel gleichfalls eine Gaußsche Verteilung und Proben mit gleichem Umfang voraus. Diese Formel kann jedoch nur dann angewendet werden, wenn der Probenumfang größer als 10 ist.

**C. Schätzung der Standardabweichung mit Hilfe des Quadrats**
   **der Standardabweichungen der Proben**

Dieses Verfahren wird in der Industrie am häufigsten verwendet, denn es hat wesentliche Vorteile:

- Es kann bei jeder Verteilung verwendet werden, also auch dann, wenn die Verteilung der Abweichungen unbekannt ist oder wesentlich von der Gaußschen Verteilung abweicht,

- es ist genauer als die Verfahren A. und B.

---

155) Denn es wird eine Aufstellung der Proben mit einem Umfange zwischen 15 und 20 empfohlen.

144

Wenn alle Proben den gleichen Umfang haben, dann wendet man folgende Formel an :

$$\sigma^2 = \frac{n}{N-k} \cdot \Sigma s^2 \tag{36}$$

oder aber :

$$\sigma = \sqrt{\frac{n}{N-k} \cdot \Sigma s^2} \tag{37}$$

Hierbei bedeutet n der Probenumfang, k die Anzahl der Proben der Serie, N der Gesamtumfang der Serie der Proben und $s^2$ Formel (33) im Quadrat, näm- lich :

$$s^2 = \frac{\Sigma (x - \bar{x})^2}{n} \tag{38}$$

Wenn der Probenumfang von Probe zu Probe variiert, muß folgende Formel verwendet werden :

$$\sigma^2 = \frac{\Sigma (n \cdot s^2)}{N - k} \tag{39}$$

oder aber nach $\sigma$ aufgelöst :

$$\sigma = \sqrt{\frac{\Sigma (n \cdot s^2)}{N - k}} \tag{40}$$


**D. Vertrauensgrenzen und Warngrenzen der Mittelwerte**

Es reicht aus, wenn wir hier auf die bei der Methode XW gemachten Ausfüh- rungen hinweisen, denn bei den Mittelwerten ändert sich nichts.

Nach den Formeln (6) und (7) erhalten wir:

$$\text{Obere Vertrauensgrenze} = \bar{X} + A_{0,001} \cdot \sigma \tag{41}$$

$$\text{Untere Vertrauensgrenze} = \bar{X} - A_{0,001} \cdot \sigma \tag{42}$$

Die Warngrenzen entsprechen der Formel (14) auf Seite 127.

$$\text{Obere Warngrenze} = \bar{X} + A_{0,025} \cdot \sigma \tag{43}$$

$$\text{Untere Warngrenze} = \bar{X} - A_{0,025} \cdot \sigma \tag{44}$$

Die entsprechenden Koeffizienten von A finden sich in Tabelle VII.

**E. Vertrauensgrenzen und Warngrenzen der Standardabweichungen**

Tabelle IX weist die Koeffizienten B aus, die die Berechnung der Vertrauensgrenzen und Warngrenzen der Standardabweichungen ermöglichen. Wir haben:

$$\text{Obere Vertrauensgrenze} = B_{0,999} \cdot \sigma \tag{45}$$

$$\text{Untere Vertrauensgrenze} = B_{0,001} \cdot \sigma \tag{46}$$

$$\text{Obere Warngrenze} = B_{0,975} \cdot \sigma \tag{47}$$

$$\text{Untere Warngrenze} = B_{0,025} \cdot \sigma \tag{48}$$

Wenn diese verschiedenen Grenzen berechnet sind, überträgt man sie in die
Kontrolldiagramme der Mittelwerte und der Standardabweichungen (ohne jedoch k zu überschreiten).

## 4. Nutzbarmachung von Kontrolldiagrammen

Wenn sich auf den Diagrammen kein eingetragener Punkt außerhalb der Vertrauensgrenzen befindet, so bedeutet das, daß ein Kontrollzustand existiert.
Man prüft nun, ob sich die Vertrauensgrenzen der Mittelwerte innerhalb der
geforderten Toleranzen befinden. Die Nutzbarmachung der Methode $X\sigma$ ist
die gleiche wie die, die wir für die Methode XW beschrieben haben (siehe
Seite 129).

## 5. Streuungsgrenzen und Ausdehnung der Vertrauensgrenzen

Ist der Kontrollzustand erreicht, dann ist die Berechnung der Streuungsgrenzen
(zwischen denen 99, 7 % der Punkte liegen) möglich. Die Formeln (25) und (26)
auf Seite 131 werden hierzu verwendet.

Die zeitliche Verlängerung der Vertrauensgrenzen - um die Fabrikationskontrolle durch systematische Stichproben durchführen zu können, - ist den gleichen Bedingungen unterworfen, wie dies für die Methode XW auf Seite 129 beschrieben wurde. Man kann sich auch der Kontrollkarten für Maschinengrup-
pen bedienen (Seite 133). Man braucht nur das Kontrolldiagramm der Streubereiche durch das der Standardabweichungen zu ersetzen.

## 6. Anwendungsbeispiel der Methode $X\sigma$

Ein neues Garn wird auf den Markt gebracht. Seine Hauptcharakteristik ist die
Elastizität. Zur Fabrikation dieses Garns sind verschiedene Mischungen an Aus-
gangsstoffen verwendet worden. Zwei Mischungen lenken die besondere Aufmerksamkeit der Ingenieure auf sich.

## Tabelle 22
**Untersuchung der Elastizität zweier Garne**

| Garn A | | | | Garn B | | | |
|---|---|---|---|---|---|---|---|
| Probe Nr. | $\bar{x}$ | $s^2$ | $s$ | Probe Nr. | $\bar{x}$ | $s^2$ | $s$ |
| 1 | 9,30 | 0,1120 | 0,33 | 1 | 9,32 | 0,1376 | 0,37 |
| 2 | 9,26 | 0,7424 | 0,86 | 2 | 9,84 | 0,1504 | 0,39 |
| 3 | 9,48 | 0,1056 | 0,32 | 3 | 9,50 | 0,2560 | 0,51 |
| 4 | 9,86 | 0,0228 | 0,15 | 4 | 9,52 | 0,4256 | 0,65 |
| 5 | 7,14 | 2,3344 | 0,53 | 5 | 9,30 | 0,4600 | 0,68 |
| 6 | 6,14 | 0,4384 | 0,66 | 6 | 9,98 | 0,0496 | 0,22 |
| 7 | 7,16 | 0,1704 | 0,41 | 7 | 9,74 | 0,2704 | 0,52 |
| 8 | 7,40 | 0,9800 | 0,99 | 8 | 9,62 | 0,3656 | 0,60 |
| 9 | 7,90 | 0,4120 | 0,64 | 9 | 9,58 | 0,1296 | 0,36 |
| 10 | 8,28 | 0,3296 | 0,57 | 10 | 9,54 | 0,1664 | 0,41 |
| 11 | 7,04 | 0,5384 | 0,73 | 11 | 9,96 | 1,1104 | 1,05 |
| 12 | 6,56 | 0,3784 | 0,62 | 12 | 10,08 | 0,4256 | 0,65 |
| 13 | 7,06 | 1,0304 | 1,02 | 13 | 9,96 | 0,3744 | 0,61 |
| 14 | 5,48 | 0,7416 | 0,86 | 14 | 10,00 | 0,4320 | 0,66 |
| 15 | 6,02 | 0,6336 | 0,80 | 15 | 9,50 | 0,1280 | 0,36 |
| 16 | 7,11 | 0,6734 | 0,82 | 16 | 8,96 | 0,4156 | 0,64 |
| 17 | 6,83 | 0,8256 | 0,91 | 18 | 9,81 | 0,3874 | 0,62 |
| 18 | 6,74 | 0,3846 | 0,62 | 18 | 9,72 | 0,3998 | 0,63 |
| 19 | 8,01 | 0,0320 | 0,18 | 19 | 9,98 | 0,6542 | 0,81 |
| 20 | 9,32 | 0,1882 | 0,43 | 20 | 10,01 | 0,5044 | 0,71 |
| Summe | 152,11 | 11,0738 | 13,45 | | 193,92 | 7,2430 | 11,45 |

$$\bar{X} = 7,61 \qquad \sigma = 0,77 \qquad\qquad \bar{X} = 9,70 \qquad \sigma = 0,59$$

NOTIZ: In diesem Beispiel ist $\sigma$ mit Hilfe des genauesten Verfahrens geschätzt worden d.h. unter Verwendung der Formeln (36) und (37) .

Für Garn A erhält man z.B. :

$$\sigma^2 = \frac{15}{300 - 20} \cdot 11,0738 = 0,5932$$

$$\sigma = \sqrt{0,5932} = 0,77$$

Durch Anwendung der Formel (35) erhält man:

$$\text{Für Garn A:} \quad \sigma = 1,054 \cdot \frac{13,45}{20} = 0,71$$

$$\text{Für Garn B:} \quad \sigma = 1,054 \cdot \frac{11,45}{20} = 0,60$$

Zwecks Rationalisierung der Produktion entschließt sich die Fabrikleitung zur Beschränkung auf ein einziges Garn; dieses soll das regelmäßigste, das elastischere und möglichst homogen sein. Wenn die Regelmäßigkeit des Garnes erheblich größer ist, darf dafür Elastizität geopfert werden.

Das Stichprobenbüro geht dazu über, für jeden Garntyp 300 Elastizitätsuntersuchungen durchzuführen. Diese 300 Untersuchungen werden auf 20 Proben zu je 15 Untersuchungen aufgeteilt. Eine kurze Zusammenfassung der Daten-Karte ist in Tabelle 22 abgebildet.

Man stellt dann die Kontrollkarten dieser zwei Produkte auf (siehe Zeichnung 11 und 12).

Man erhält:

Kontrolldiagramm der Mittelwerte

|  | Garn A | Garn B |
|---|---|---|
| **Vertrauensgrenzen** | | |
| $\bar{X} + A_{0,001} \cdot \sigma$ | $7,61 + 0,789 \cdot 0,77 = 8,22$ | $9,70 + 0,798 \cdot 0,59 = 10,17$ |
| $\bar{X} - A_{0,001} \cdot \sigma$ | $7,61 - 0,789 \cdot 0,77 = 7,00$ | $9,70 - 0,789 \cdot 0,59 = 9,23$ |
| **Warngrenzen** | | |
| $\bar{X} + A_{0,025} \cdot \sigma$ | $7,61 + 0,506 \cdot 0,77 = 8,00$ | $9,70 + 0,506 \cdot 0,59 = 10,00$ |
| $\bar{X} - A_{0,025} \cdot \sigma$ | $7,61 - 0,506 \cdot 0,77 = 7,22$ | $9,70 - 0,506 \cdot 0,59 = 9,40$ |
| **Streuungsgrenzen** | | |
| $\bar{X} + 3,09 \cdot \sigma$ | $7,61 + 3,09 \cdot 0,77 = 9,99$ | $9,70 + 3,09 \cdot 0,59 = 11,52$ |
| $\bar{X} - 3,09 \cdot \sigma$ | $7,61 - 3,09 \cdot 0,77 = 5,23$ | $9,70 - 3,09 \cdot 0,59 = 7,88$ |

Kontrolldiagramm der Standardabweichungen

|  | Garn A | Garn B |
|---|---|---|
| **Vertrauensgrenzen** | | |
| $B_{0,999} \cdot \sigma$ | $1,552 \cdot 0,77 = 1,20$ | $1,552 \cdot 0,59 = 0,92$ |
| $B_{0,001} \cdot \sigma$ | $0,450 \cdot 0,77 = 0,35$ | $0,450 \cdot 0,59 = 0,27$ |

## Zeichnung 11

### Kontrollkarte, Methode Xσ

### Kontrolle des Mittelwerts

Garn A      Garn B

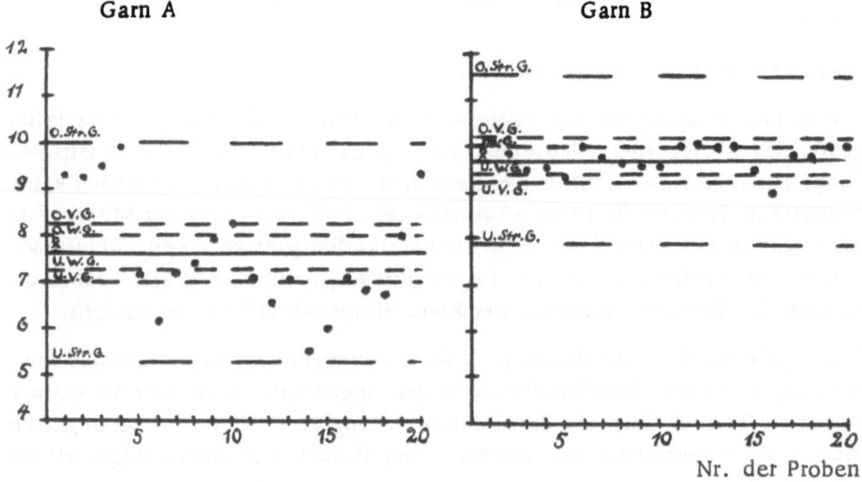



## Zeichnung 12

### Kontrolle der Standardabweichung

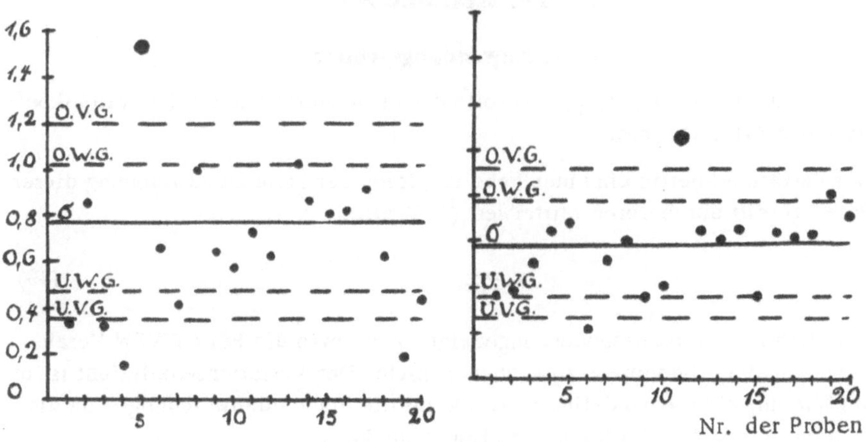

**Warngrenzen**

$$B_{0,975} \cdot \sigma \qquad 1,320 \cdot 0,77 = 1,02 \qquad\qquad 1,320 \cdot 0,59 = 0,78$$

$$B_{0,025} \cdot \sigma \qquad 0,613 \cdot 0,77 = 0,47 \qquad\qquad 0,613 \cdot 0,59 = 0,36$$

### Analyse der Kontrollkarten

Die Kontrolldiagramme der Mittelwerte zeigen, daß die mittlere Elastizität des Garnes B viel größer als die des Garnes A ist. Bei beiden Artikeln tritt kein Punkt aus den äußeren Streuungsgrenzen heraus. Es existiert demnach keine bedeutsame Ursache für diese Abweichungen. Die Verteilung der Mittelwerte des Garns A beweist indessen, daß die Fabrikation weit vom Kontrollzustande entfernt ist. Für Garn B dagegen liegen (mit einer Ausnahme) alle Punkte innerhalb der Vertrauensgrenzen: Der Kontrollzustand ist beinahe erreicht.

Die Regelmäßigkeit des Garnes (d. h. seine Homogenität) wird durch das Kontrolldiagramm der Standardabweichungen angezeigt. Auch hier ist Garn B besser als Garn A, denn die Standardabweichung dieses Garnes ist geringer als die von A. Ferner ist die Streuung von s bei B auch viel regelmäßiger als die bei Garn A.

Die Analyse dieser Kontrollkarten veranlaßt die Unternehmensleitung dazu, lediglich das Garn B zu fabrizieren, das jedoch noch verbessert werden muß, damit kein Punkt aus den Vertrauensgrenzen heraustritt und der Kontrollzustand erreicht werde.

# IV. Methode XV

## 1. Anwendungsgebiete

Die Methode XV ist auf der Kontrolle der Mittelwerte und der Variationskoeffizienten (v) aufgebaut.

Der Variationskoeffizient einer Probe ist gleich der Standardabweichung dieser Probe geteilt durch deren Mittelwert (156) also:

$$v = \frac{s}{\bar{x}} \tag{49}$$

Die Methode XV ist besonders angezeigt, wenn man die RELATIVEN Veränderungen eines Phänomens zu kennen wünscht. Der Variationskoeffizient ist in der Wirkung eine besser definierte Größe als die Standardabweichung, - da diese letztere nur die absoluten Variationen anzeigt.

---

156) S. h. Graf-Henning: Formeln und Tabellen (a. a. O.), S. 32 ff.

Man verwendet diese Methode für die Kontrolle der Lebensdauer eines Produktes (z.B. elektrische Glühlampen) für die Widerstandskontrolle von Materialien und für gewisse praktische Untersuchungen in den Industrielabors.

Die Berechnung des Variationskoeffizienten wird in der Praxis nur dann ausgeführt, wenn die Verteilung normal oder annähernd normal ist; die Berechnungen sind sonst zu kompliziert und man zieht es vor, die Regelmäßigkeiten von Schwankungen mit der Methode $X\bar{\sigma}$ zu kontrollieren.

Wir wollen uns noch merken, daß der Umfang der Proben im Minimum 5 sein muß, damit die Koeffizienten C angewendet werden können. Um ein erstes Urteil über die Fabrikation fällen zu können, muß die Anzahl der Proben ungefähr 20 sein.

Die Verteilung der Variationskoeffizienten ist von A.T.Mc.KAY im "Journal of the Royal Statistical Society" 1932, Seite 695, wissenschaftlich beleuchtet worden.

## 2. Die Kontrolldiagramme

Das Kontrolldiagramm der Mittelwerte bleibt das gleiche wie das, das wir für die Methode XW und $X\bar{\sigma}$ beschrieben haben.

Um die Einrichtung des Kontrolldiagramms der Variationskoeffizienten einleiten zu können, beginnt man mit der Berechnung des Wertes v für jede Probe; man verwendet hierzu die Formel (49).

Zur Berechnung der Mittellinie $\bar{v}$ und der Vertrauens- und Warngrenzen bieten sich zwei Verfahren an.

1) Wenn $\bar{v}$ gleich oder größer als 0,20 und der Probenumfang gleich oder kleiner als 5 ist ( was jedoch im allgemeinen wenig zu empfehlen ist), dann kann die Hauptachse des Kontrolldiagramms der Variationskoeffizienten wie folgt berechnet werden:

$$\bar{v} = b_n \cdot \frac{\sigma}{\bar{X}} \tag{50}$$

Die Vertrauensgrenzen und Warngrenzen können mit Hilfe der Koeffizienten B (Tabelle IX) aufgestellt werden, nämlich:

$$\text{Obere Vertrauensgrenze} = B_{0,999} \cdot \frac{\sigma}{\bar{X}} \tag{51}$$

$$\text{Untere Vertrauensgrenze} = B_{0,001} \cdot \frac{\sigma}{\bar{X}} \tag{52}$$

$$\text{Obere Warngrenze} = B_{0,975} \cdot \frac{\sigma}{\bar{X}} \tag{53}$$

$$\text{Untere Warngrenze} = B_{0,025} \cdot \frac{\sigma}{\bar{X}} \tag{54}$$

In der Praxis werden nur die obere Vertrauensgrenze und die obere Warngrenze berechnet und auf den Kontrollkarten eingetragen.

2) Wenn $\bar{V}$ größer als 0,20 und der Probenumfang 5 oder mehr ist, dann müssen andere Formeln verwendet werden. Die Mittellinie $\bar{V}$ wird durch die Formel erhalten:

$$\bar{V} = \frac{1}{\sqrt{C_n \left(1 + \dfrac{\bar{x}^2}{\sigma^2}\right) - 1}} \tag{55}$$

Für die Vertrauens- und Warngrenzen hat man:

$$\text{Obere Vertrauensgrenze} = \frac{1}{\sqrt{C_{0,999}\left(1 + \dfrac{\bar{x}^2}{\sigma^2}\right) - 1}} \tag{56}$$

$$\text{Untere Vertrauensgrenze} = \frac{1}{\sqrt{C_{0,001}\left(1 + \dfrac{x^2}{\sigma^2}\right) - 1}} \tag{57}$$

$$\text{Obere Warngrenze} = \frac{1}{\sqrt{C_{0,975}\left(1 + \dfrac{\bar{x}^2}{\sigma^2}\right) - 1}} \tag{58}$$

$$\text{Untere Warngrenze} = \frac{1}{\sqrt{C_{0,025}\left(1 + \dfrac{\bar{x}^2}{\sigma^2}\right) - 1}} \tag{59}$$

Die Koeffizienten $C_n$ und $C$ werden in der Tabelle X im Anhang aufgeführt.

# Sechster Teil

# Einige psychologische Aspekte
# der Stichprobenkontrolle

Zum Abschluß dieser Untersuchung moderner Stichprobenüberwachungs-Methoden halten wir es für angebracht, noch einige Worte hinsichtlich der psychologischen Aspekte der Kontrolle zu sagen (157).

Dieses Problem ist von entscheidender Bedeutung, denn wer auch immer in seinem Unternehmen eine Überwachung einführen will, der sollte auch entsprechende psychologische Qualitäten aufweisen können. Jede Materialüberprüfung, Maschinenfunktionsprüfung oder Fabrikationsverfahrensüberwachung wird in ihrer Wirkung von einer Überwachung des Arbeiters, - also des Menschen - begleitet. Nun besitzt aber bekanntlich jeder Mensch eine mehr oder weniger große Dosis Selbstbewußtsein und wünscht seine Unabhängigkeit und seine persönliche Freiheit so weit wie irgend möglich zu erhalten. Jede Kontrolle, - in welcher Form sie auch durchgeführt sei, - wird ihm deshalb als ein nicht gerechtfertigter Angriff auf seine Freiheit und Unabhängigkeit erscheinen. Die Reaktionen auf bestimmte Kontrollen können mehr oder weniger stark sein; sie lassen sich von der einfachen persönlichen Reflexion bis hin zur systematischen Sabotage steigern.

Es erscheint daher mehr als angebracht, daß diese Reaktionen, die für die Kontrolle sehr fatal sein können, soweit wie irgend möglich vermieden werden. Als günstigste Lösung dürfte eine vorherige Vorbereitung des Arbeiters anzusehen sein. Er soll die Nützlichkeit der neuen (und selbstredend günstigeren) Kontrollmethoden verstehen lernen. Er soll damit einverstanden sein und sich freiwillig den notwendigen Maßnahmen unterziehen.

Das Beispiel von Taylor, der aus seinen Arbeitern Mitarbeiter machte, ist besonders einleuchtend. Je mehr nun diese Mitarbeiter eine Sache zu ihrer eigenen machen, in um so besseren Händen wird sie sein.

Der Unternehmer wird seinem Personal in jedem Falle einen vollständigen und detaillierten Plan der neuen Kontrollmethoden, die er einzuführen wünscht, vorlegen müssen. Dieser Plan muß eine genaue Erklärung der zu erreichenden

---

157) S. h. G. Danert: Betriebskontrollen. Verlag W. Girardet. Essen, 1952.

Ziele und des Nutzens enthalten, den der Betrieb und das Personal daraus ziehen werden. Fast immer ist es vorteilhaft, für die Qualität Prämien vorzusehen, denn die auf diese Art ausgegebenen Summen werden bei weitem durch die Senkung des Selbstkostenpreises und die Erhöhung der Qualität, welche die Stichprobenkontrolle realisiert, kompensiert. Jeder der an dem Plan Interesse zeigt, muß die Möglichkeit zur Einsicht dieses Planes und zur Einbringung eventueller Einwände haben. Jeder Facharbeiter wird sich so seiner Verantwortung erneut bewußt werden, die Kontrolle mit ganz anderen Augen betrachten lernen und sich dem Zweckmäßigen gerne unterwerfen.

Jede Arbeitsüberwachung (und wir denken besonders an die Kontrollkarten-Methoden) wird drei wesentliche Qualitäten aufweisen müssen.

Die Überwachung muß zunächst eine gewisse "ANPASSUNGSFÄHIGKEIT" aufweisen. Wir verstehen darunter, daß der Leiter des Stichprobenbüros für die verschiedenen Situationen (denen er begegnen kann), die notwendige Anpassungsfähigkeit erhält. Mit viel Fingerspitzengefühl wird er vorgehen und von allen durch den Überwachungsdienst gemachten Feststellungen Kenntnis haben müssen. Ohne die "inquisitorische" Seite herauszukehren, die eine Überwachung aufweisen kann, wird er aus ihnen die notwendigen Schlüsse ziehen müssen.

Die Kontrolle muß weiterhin so GENAU sein, daß sie dem Unternehmer eine einwandfreie Rechnungslegung aller ihm unterbreiteten Phänomene ermöglicht. In Anbetracht des Risikos falscher Schlüsse, muß die Approximation ausgeschaltet werden. Der Überwachungsdienst wird in der Tat prinzipiell keine Fehler begehen dürfen, da er sonst sowohl bei denen, die der Überwachung unterworfen sind, als auch bei denen, die sie selbst ausüben, stark an Ansehen einbüßen wird. Die Ergebnisse müssen klar, vollständig und gut vorgewiesen werden.

Die Überwachung muß schließlich HOMOGEN sein. Um sie durchführen zu können, muß man ein geeignetes Vergleichselement und ein Eichmaß haben. Diesem Eichmaß muß dann das zu kontrollierende Element zugeführt werden. Um niemanden zu bevor- oder zu benachteiligen, muß jede Kontrollmethode nach den gleichen Prinzipien angewendet werden.

Die Stichprobenüberwachung weist außer ökonomischen auch psychologische Vorteile auf. Die Herausstellung klarer Gedanken stellt ein Fortschrittselement dar. Verdankt werden sie einer Analyse, die die Bedeutung der Fehler, die Überwachungsgrade und Qualitätsniveaus herausarbeitet. Die Arbeitsteilung hinsichtlich der qualitativen Konzeption eines Produkts ermöglicht die Einengung der Schätzungsgrenzen. Die oft sehr empfindlichen Unterschiede, die (wenn es sich darum handelt, die guten von den weniger guten Objekten zu trennen) Schwankungen verursachen, werden abgeschwächt. Man erreicht ferner damit, daß in allen Werkstätten und Magazinen die gleiche qualitative Sprache gesprochen wird.

Die Objektivität dieser Methoden, - die von der Wirklichkeit und nicht vom Wunsche ausgehen, - beeinflußt die Arbeiter positiv. Die verschiedenen Arbeitsgruppen und die Betriebsleiter sind in der Lage, ganz systematisch auf eine bessere Qualität hinzuarbeiten. Da ihr Programm von periodischen Wiederholungen diktiert wird, liefert es eine laufende Gesamtübersicht über ihre Werkstätten oder ihre Fabrik, - die sie ohne die Hilfe der statistischen Kontrollmethoden nur sehr schwer erhalten würden. Vom kaufmännischen Standpunkt rufen sie offensichtliche Arbeitseinsparung und die ziemlich rasche Erhöhung der allgemeinen Qualität des Produkts - gleichfalls positive Reaktionen - hervor.

Die Lieferungen von Fertigprodukten und Halbfabrikaten haben ferner Aussicht unter den besten Bedingungen (besonders hinsichtlich der Kontrollkosten beim Empfang) durchgeführt zu werden.

Zur Bestimmung der Qualität eines Rohstoffes, zur Fixierung des kürzesten Weges während einer neuen Entwicklung oder zum Vergleich zwischen Untersuchungen, die sich auf eine kleine Anzahl von Prototypen erstrecken, werden technische Büros und Industrielabors gleichfalls sehr gerne von bestimmten statistischen Methoden Gebrauch machen. Sie werden so die Möglichkeit haben, auf eine weit sicherere Art und Weise als das mit den üblichen Methoden der Fall ist, die zu garantierenden Werte zu berechnen.

Auf dem 8. internationalen Kongreß der Organisation für wissenschaftliche Betriebsführung im Jahre 1947 in Stockholm haben verschiedene, speziell dem Problem der Qualität gewidmete Vorschläge die Aufmerksamkeit der Fabrikanten auf sich gelenkt. M. SVEDSBERG schrieb zu diesem Thema in der Zeitschrift "L'Organisation Scientifique" (Juni 1948) : "Die Industrie muß heutzutage zusehen, daß sie aus den in der Kriegszeit gemachten Erfahrungen Nutzen zieht, sie vervollkommnet und die sich daraus ergebenden praktischen Probleme löst. Die Anforderungen bezüglich der Qualität und ihrer Überwachung, die sich während der Kriegszeit bemerkbar gemacht haben und die bedeutsame Probleme des Oberkommandos darstellten, haben, - obgleich übrigens die Sorge um die Wirtschaftlichkeit der Produktion dominierender wird, als die Sorge einer schnellen Belieferung, - die gleiche Bedeutung behalten. Heute muß man diesen Problemen eine dauerhafte Lösung geben. Sie sind so wichtig, daß sie die Aufmerksamkeit und Mitwirkung der gesamten oberen Unternehmensleitung wiedergewinnen müssen".

Abschließend möchten wir noch auf die Schwierigkeit bei der Anwendung der Stichprobenmethoden hinweisen. Improvisierte Organisatoren kommen zu oft auf den Gedanken, diese oder jene Kontrollmethode einzuführen; die Ergebnisse sind fast immer enttäuschend. Wir können hierzu nichts besseres tun, als den Schluß des Vortrages zu zitieren, den M. JEAN STOETZEL 1941 im Rahmen des vom GEGOS veranstalteten Rationalisierungszyklus herausgebracht hat: "Man wird doch nicht etwa glauben, daß eine Sondierung auf eine leichte Art und Weise unternommen werden kann. Es existiert eine Sondierungstechnik, deren Ignorierung man sich nicht erlauben darf. Die Statistik ist zugleich eine Kunst und eine Wissenschaft, sie erfordert zugleich Kenntnisse und Erfahrungen. Gestatten Sie mir diese Bemerkung, die als Leitmotiv dieser Sitzung wiederkehrt, zu wiederholen: Die Statistik ist eine Spezialität. Die Statistik hat ihre Spezialisten. "

# Alphabetisches Verzeichnis der verwendeten Kurzzeichen und ihrer Termini

| | |
|---|---|
| $A$ | = Abnahmezahl |
| $A_n\ D_n\ d_n$ | = Koeffizienten (Methode XW für $\hat{\sigma}$) |
| $A'_n\ D'_n$ | = Koeffizienten (Methode XW für $\hat{w}$) |
| $B_n\ b_n$ | = Koeffizienten (Methode X$\hat{\sigma}$) |
| $C\ C_n$ | = Koeffizienten (Methode XV) |
| $c$ | = Anzahl der fehlerhaften Elemente die in der ersten Probe gefunden wird; Ausschußanzahl |
| $\hat{c}$ | = mittlere Anzahl der fehlerhaften Elemente in den ersten Proben; mittlere Ausschußanzahl |
| $c'$ | = Anzahl der Fehler pro Probe; Fehleranzahl |
| $\hat{c}'$ | = mittlere Anzahl der Fehler in den Proben; mittlere Fehleranzahl |
| $J$ | = Koeffizient (Streuungsgrenzen für $\hat{w}$) |
| $k$ | = Anzahl der Proben oder Posten |
| $L$ | = Koeffizient (Toleranzen für $\hat{w}$) |
| M. E. Q. | = mittlere Endqualität; mittlerer Ausschußprozentsatz nach erfolgter Prüfung |
| G. M. E. Q. | = Grenze der mittleren Endqualität; maximaler mittlerer Ausschußprozentsatz nach erfolger Prüfung $p_h$ (%) |
| M. P. F. E. | = mittlerer Prozentsatz der fehlerhaften Elemente in den ersten Proben; $\hat{p} \cdot 100$; mittlerer Ausschußprozentsatz |
| $n$ | = Probenumfang; Anzahl der in der Probe enthaltenen Elemente |
| $\hat{n}$ | = mittlerer Probenumfang |
| $N$ | = Gesamtumfang einer Serie von Proben ($\leq n$) |
| $\bar{N}$ | = mittlerer Gesamtumfang einer Serie von Proben |
| O. C. | = Operations-Charakteristik; Kennlinie der Abnahmestichprobe |
| O. St. G. | = obere Streuungsgrenze |
| O. V. G. | = obere Vertrauensgrenze |
| O. W. G. | = obere Warngrenze |
| $p$ | = Anteil der fehlerhaften Elemente in der ersten Probe; Ausschußanteil |

$\hat{p}$ = mittlerer Anteil der fehlerhaften Elemente in den ersten Proben; mittlerer Ausschußanteil

Q. N. = Qualitätsniveau; Annahmegrenze $p_o$ (%)

R, r = Ablehnzahl

$\sigma$ = Standardabweichung; mittlere quadratische Abweichung

$\sigma^2$ = sogenannte Streuung

$\Sigma$ = Summe

$t_1$, $t_2$ = obere und untere Toleranz

$\hat{v}$ = mittlerer Variationskoeffizient

$\hat{w}$ = mittlerer Streubereich

$\hat{x}$ = mittlere Charakteristik einer Probe

$\overline{X}$ = Mittelwert einer Serie von Proben

X' = gewünschter Mittelwert

## Gegenüberstellung einiger Begriffe und deren Kurzzeichen in Deutsch, Englisch, Französisch und Italienisch

Abnahmestichprobe — acceptance sampling (sampling inspection)
échantillonnage pour acceptation
campionamento per acceptazione

Operations-Charakteristik (O. C.)

operating characteristic curve (O. C.)
courbe operative (O. C.)
curve operative (O. C.)

Qualitätsniveau (Q. N.) — acceptabel-quality level (A. Q. L.)
niveau qualitatif (N. Q.)
grado qualitativo (G. Q.)

Produzentenrisiko — producer's risk ($\alpha$)
risque du producteur
rischio del produttore

Q. N. des Konsumenten — lot tolerance percent defective (LTPD)
N. Q. du consumateur
G. Q. del consumatore

Konsumentenrisiko — consumer's risk (ß)
risque du consomateur
rischio del consumatore

158

Einfache (doppelte fortschreitende) Stichprobenpläne

single-sampling plans (double, sequential)
plans d'échantillonnage simple (double, progressif)
planis di campionamento semplice (doppio, progressivo)

Abnahmezahl (A)

acceptance number (Ac)
nombre pour acceptation (A)
numero per acceptazione (A)

Ablehnzahl (R)

rejection number (Re)
nombre pour refus (R)
numero per rifiuto (R)

Kontrollniveau (KN)

inspection level
niveau de contrôle
grado di controllo

Normale Kontrolle (verstärkte, reduzierte)

normal inspection (tightened, reduced)
controle normal (renforcé, réduite)
controllo normale (rinforzato, ridotto)

Hauptfehler (Nebenfehler)

major defects (minor)
défauts principeaux (secondaires)
errori principali (secondari)

Unregelmäßigkeiten

irregularities
irrégularités
irregolarità

Probenumfangs- buchstabe

sample-size letter
lettre de dimension de l'échantillon
letterea di dimensione del campione

Postenumfang

inspection lot-size
dimension de lot
dimensione del lotto

Grenze der mittleren Endqualität (G.M.E.Q.)

average outgoing-quality limit (A.O.Q.L.)
limite de qualité finale moyenne (L.Q.F.M.)
limiti di qualità finale media (L.Q.F.M.)

| Mittlerer Prozentsatz der fehlerhaften Elemente in der ersten Probe (M. P. F. E.) | average percentage of defective items; process average (P. A.)<br>pourcentage moyen d'élements défectueux (P. M. E. D.)<br>percentuale medio di elementi difettosi (P. M. E. D.) |
|---|---|
| Vorlegen von festen (beweglichen)Posten | physical arrangement of stationary (moving) inspection lots<br>présentation des lots fixes (mobiles)<br>presentatione di lotti fissi (mobili) |
| Kontrollstichprobe | control sampling<br>échantillonnage pour contrôle<br>capionamento per controllo |
| untere Vertrauensgrenze (U. V. G.) | lower control limit (L. C. L.)<br>limite inférieure de confiance (L. I. C.)<br>limiti inferiore di fiducia (L. I. F.) |
| obere Vertrauensgrenze (O. V. G.) | upper control limit (U. C. L.)<br>limite supérieure de confiance (L. S. C.)<br>limiti superiore di fiducia (L. S. F.) |
| Streubereich (w) | range (R)<br>intervalle de variation (w)<br>intervallo di variazione (w) |
| Standardabweichung ($\sigma$) | standard deviation ($\sigma$)<br>écart-type ($\sigma$)<br>scarto tipo ($\sigma$) |
| Variationskoeffizient (v) | coefficient of variation (v)<br>coefficient de variation (v)<br>coefficienti di variazione (v) |

# Literaturhinweise

## Deutsche Veröffentlichungen


**Bücher und Tabellen**

Anderson, O. N.: Einführung in die Statistik, Springer-Verlag, Wien 1935

Antoine, H.: Statistische Betriebsüberwachung, München und Berlin 1927

AWF 2/3/1: Kontrollkarten, Beuth-Vertrieb, Berlin und Köln 1956

AWF in Verbindung mit RKW: Leitfaden für Instruktoren der Statistischen Qualitätskontrolle, Beuth-Vertrieb, Berlin und Köln 1956

Becker, R., Plaut, H. und Runge, J.: Anwendungen der mathematischen Statistik auf Probleme der Massenfabrikation, Springer-Verlag, Berlin 1930

Daeves, K.: Auswertung statistischer Unterlagen für Betriebsüberwachung und -forschung, Ber. Werkstoffausschuß, VdEh 1922

Daeves, K.: Praktische Großzahl-Forschung, VDI-Verlag, Berlin 1933

Daeves, K. und Beckel, A.: Auswertung von Betriebszahlen und Betriebsversuchen durch Großzahl-Forschung (3. Auflage), Chemie-Verlag, Berlin 1942

Daeves, K. und Beckel, A.: Großzahlforschung und Häufigkeitsanalyse, Chemie-Verlag, Weinheim und Berlin 1948

Daeves, K.: Rationalisierung durch Großzahl-Forschung, Verlag Stahleisen, Düsseldorf 1952

Gebelein, H. und Heite, H-J.: Statistische Urteilsbildung, Springer-Verlag 1951

Graf, U. und Henning, H-J.: Statistische Methoden bei textilen Untersuchungen, Springer-Verlag 1952

Graf, U. und Henning, H-J.: Formeln und Tabellen der mathematischen Statistik, Springer-Verlag, Berlin, Göttingen, Heidelberg 1953

Kellerer, H.: Theorie und Technik des Stichprobenverfahrens. Einzelschrift der Deutschen Statistischen Gesellschaft, München 1953

Kohlweiler, E. : Statistik im Dienste der Technik, Oldenbourg-Verlag, München und Berlin 1931

Koller, S. : Graphische Tafeln zur Beurteilung statistischer Zahlen, (3. Auflage) Steinkoff-Verlag, Darmstadt 1953

Linder, A. : Statistische Methoden für Naturwissenschaftler, Mediziner und Ingenieure, (2. Auflage), Birkenhäuser-Verlag, Basel 1951

Linder, A. : Planen und Auswerten von Versuchen, Birkenhäuser-Verlag, Basel 1953

Leinweber, P. : Mathematische-statistische Verfahren im Fabrikbetrieb, Beuth-Vertrieb, Berlin und Köln 1951

Lubberger, F. : Wahrscheinlichkeiten und Schwankungen, Springer-Verlag, Berlin 1937

Lustig, N., Pfanzagl, J. und Schmetterer, L. : Moderne Kontrolle, Österreichische Statistische Gesellschaft, Wien 1956

Masing, W. : Statistische Qualitätskontrolle in der Baumwollspinnerei, Konradin-Verlag, Stuttgart 1955

Plaut, H-C. : Fabrikationskontrolle auf Grund statistischer Methoden, VDI-Verlag, Berlin 1930

Puch, A. : Großzahl-Untersuchungen in der Werkstoffprüfung bei der Deutschen Eisenbahn, Dissertation Braunschweig 1942

Rietz, H.L., Bauer, F. : Handbuch der mathematischen Statistik, Teubner-Verlag, Leipzig und Berlin 1930

Schaafsma, A.H. und Williemze, F.G. : Moderne Qualitätskontrolle, Deutsche Philips GmbH - Hamburg 1955

Strauch, H. : Statistische Güteüberwachung, Hanser-Verlag, München 1956

Tippett, L.H.C. : Einführung in die Statistik, Humbold-Verlag, Wien, Stuttgart 1952

Wagner, G. : Abnahme mit Stichproben, AWF 1/3/1, Beuth-Vertrieb, Berlin und Köln 1954

**Zeitschriftenartikel**

ASTA  = Allgemeines Statistisches Archiv, München 5, Organ der Deutschen Statistischen Gesellschaft, Verlag Carl Gerber

Ind. Org.= Industrielle Organisation, Zürich, Schweizerische Zeitschrift für Betriebswissenschaft, Betriebswissenschaftliches Institut an der Eidgenössischen Technischen Hochschule in Zürich

MMS  = Mitteilungsblatt für Mathematische Statistik, Deutsche Statistische Gesellschaft, München

W. Arch= Weltwirtschaftliches Archiv, Kiel
Rat.  = Rationalisierung, München

Adams, A.: Statistische Qualitätskontrolle und industrielle Forschung, Mitteilung des ÖKW, Wien, Heft 1 - 2, 1950

AWF  (Ausschuß für wirtschaftliche Fertigung) Statistische Qualitätskontrolle für die Praxis, Rat., Heft 2, 1955, S. 32

Billeter, E. v.: Statistische Qualitätsüberwachung in den USA, Ind. Org., 1952 S. 32

--   Statistische Fabrikationskontrolle im Betrieb, Ind. Org., 1954, S. 367

Deming, W. E.: Statistische Verfahren in Absatz und Erzeugung, ASTA., 1951, Heft 2, S. 152

--   Die Verantwortung der Betriebsführung für die Anwendung statistischer Methoden in der Industrie, W. Arch., 1953, S. 234

Daeves, K.: Methodik und Anwendung der Großzahl-Forschung, Ind. Org., 1951, S. 9

--   Entwicklung und Einsatz der Großzahl-Forschung, Stahl und Eisen, Düsseldorf 1951, Heft 14, S. 715

--   Qualitätsverbesserung durch Häufigkeitszählung von Ausschuß und Reklamationen, Rat., 1952, S. 229

--   Die Häufigkeitsverteilung von Eigenschaften als Grundlage von Abnahme-Vorschriften. Konstruktion, Werkstoffe, Versuchswesen im Maschinenbau und Apparatebau, Berlin 1953, Heft 12, S. 407

Geppert, M. P.: Mathematisch-statistische Fragen der Fabrikationskontrolle, Zeitschrift für angewandte Mathematik und Mechanik (ZAMM), Bd. 30, Nr. 8/9, 1950, S. 299

--   Statistische Fabrikationskontrolle, ASTA. 1950, Heft 4, S. 303

Graf, U. und Henning, H-J.: Statistische Sicherheit, Vertrauensgrenzen und Stichprobenumfang bei textilen Untersuchungen. Textil-Praxis, Stuttgart 1950, S. 379

-- Zur Anwendung statistischer Methoden in der textilen Praxis: Glockenkurve, Wahrscheinlichkeitsnetz und Kontrollkarte. Das Deutsche Textilgewerbe, 1950, Heft 17, S. 494

-- Toleranzbestimmung für die Gleichmäßigkeit textiler Materialien, Melliand Textilbericht, Heidelberg, 1950, Heft 12, S. 818

-- Statistische Methoden in der Elektroindustrie; Stichprobenumfang, Vertrauensgrenzen und Toleranzen, Elektrotechnische Zeitschrift, 1951, Heft 1, S. 1

-- Über Merkmalsumformungen bei Häufigkeitsverteilungen textiler Meßwerte. Das Deutsche Textilgewerbe, 1951, Heft 1, S. 3

-- Zufällige und gesicherte Unterschiede bei textilen Untersuchungen. Textil-Praxis, Stuttgart 1951, Heft 4, S. 282

-- Die Behandlung einer Arbeitszeitmessung im logarithmisch geteilten Wahrscheinlichkeitsnetz. Das Deutsche Textilgewerbe, 1951, Heft 9, S. 306

-- Die Kontrollkarte als Beispiel statistischer Verfahren in der Textilindustrie. Textil-Praxis, Stuttgart 1951, Heft 6, S. 416

-- Der statistische Vergleich von Streuungen bei textilen Untersuchungen. Textil-Praxis, Stuttgart 1952, Heft 10, S. 815

-- Der Index der Garngleichmäßigkeit und seine Ermittlung nach dem Wiegeverfahren. Textilindustrie, 1952, Heft 5, S. 193

Graf, U. und Henning, H-J.: Math.-stat. Grundlagen bei der Probenahme und Probewertung von Erzen, Metallen und Rückständen. Zeitschrift für Erzbergbau und Metallhüttenwesen, Stuttgart 1952, Heft 4

-- Der Einsatz der technischen Statistik in Industrie und Wirtschaft. ASTA. 1952, S. 32

Graf, U.: Statistische Verfahren für Betriebsüberwachung und -forschung in der Industrie. ASTA. 1952, S. 310

-- Statistische Qualitätskontrolle zur laufenden Betriebsüberwachung. Rat. 1954, Heft 10, S. 217

-- Statistische Qualitätskontrolle durch Stichprobenverfahren. Rat. 1955 Heft 2, S. 32

Graf, U., Rempel, K. und Wartmann, R.: Statistische Kontrollkarten, Werkstattstechnik und Maschinenbau, 1954, S. 241

Hamaker, H.C.: Die Abnahmeprüfung von Partien mittels Stichproben. Philips' Technische Rundschau 11, 1949, S. 186
-- Theorie der Stichprobenschemas,. ebenda, S. 264
-- Stichprobenschemas und Stichprobentabellen in der Praxis, ebenda, S. 370

-- Beispiele zur Anwendung statistischer Untersuchungsmethoden in der Industrie. Ind. Org., 1953, S. 483

Jong, J.R. de, Hengelo: Statistische Methoden bei Arbeitsstudien, MMS., 1953 Heft 2/3, S. 159

Küttner: Über Stichprobenforschung in der Versuchsstatistik. Metallwirtschaft 13, 1944, Heft 11/12, S. 159
-- Wahrscheinlichkeitsrechnung in Technik und Wirtschaft. Technik 3, Nr. 2, S. 83

Leinweber, P.: Statistik bei der Maßprüfung. Werkstattstechnik 37, 1943, Heft 1/2, Seite 8.
-- Passungen und Großzahlforschung. Werkstatt und Betrieb 80, Heft 7.
-- Die wirtschaftliche Stichprobengröße. Werkstatt und Betrieb 82, Heft 11 S. 411

Linder, A.: Statistische Methoden in der Industrie. Ind. Org., 1943, S. 1
-- Statistische Qualitätskontrolle und Entlöhnung nach der Qualität. Ind. Org., 1947, S. 116
-- Mathematische Statistik in der Industrie. Ind. Org., 1950, Nr. 4, S. 155
-- Industrielle Qualitätsüberwachung. ASTA, 1950, S. 101
-- Produktionskontrolle in der Industrie. Ind. Org., 1955, Heft 2, S. 55

Pfanzagl, J.: Das zeitliche Moment bei der Fertigungsüberwachung. Stat. Vierteljahresschrift, Wien 7, 3/4 Seite 145-149 (1954)
-- Kontrollkarten bei Fertigung mit Gang, ebenda (1954) S. 150-157

Rossow, E.: Anwendung statistischer Verfahren für die Güteüberwachung und Werkstoffentwicklung. Stahl und Eisen, Düsseldorf 1951, Heft 13, S. 649
-- Bemerkungen zur Anwendung statistischer Methoden in der Technik. MMS., 1950, Heft 2, S. 105; Heft 3, S. 191

Schmetterer, L.: Einführung in die Sequential Analysis, Statistische Vierteljahresschrift, Wien 1949, Heft 3/4, S. 101

Schroeder, R.: Die Häufigkeitsstudie als Hilfsmittel des Arbeitsstudiums und ihre mathematischen Grundlagen. Refa-Nachrichten, Darmstadt 1954, Heft 4, S. 82

Soom, E.: Anwendung der mathematischen Statistik in der Industrie. Ind. Org., 1953, S. 109

Stange, K.: Beurteilung von Massengütern mit Hilfe von stufenweise entnommenen Stichproben. MMS., 1955, Heft 1

Strauch, H.: Statistische Methoden und Zeitstudien, Refa-Nachrichten, Darmstadt 1952, Nr. 1, S. 19

  --     Statistische Qualitätsüberwachung mit Hilfe der Kontrollkarte. Rat., 1953, Heft 4, S. 107

Wagner, G.: Statistische Grundlagen der Stichprobenprüfung in der Mengenfertigung. Werkstattstechnik und Maschinenbau 41, 1951, S. 270

  --     Die Stichprobenprüfung in der Mengenfertigung. Bei Daeves: Rationalisierung durch Großzahl-Forschung; Düsseldorf 1952, S. 270

  --     Folgetest für die Abnahmeprüfung von Mengen mit großen und kleinen Stückzahlen. MMS., 1953, Heft 2/3, S. 89

Weber, E. A.: Statistische Methoden in der Fabrikationskontrolle, .Ind. Org. 1951, S. 227

Tippett, L. H. C.: Statistik als Hilfsmittel der Betriebsführung. Ind. Org., 1954, S. 203

Zollikofer, O.: Qualität und Kosten. Ind. Org., 1951, S. 1

Weitere Aufsätze finden sich in der vom Organ der "Deutschen Arbeitsgemeinschaft für Statistische Qualitätskontrolle" herausgegebenen Zeitschrift: Qualitätskontrolle (Ablauf- und Planungsforschung) und in der vom "Institut für Mathematische Statistik an der Universität Wien" herausgegebenen Zeitschrift: Unternehmensforschung (Operations Research).

### Veröffentlichungen in englischer Sprache

**Bücher und Tabellen**

American Society for Testing Materials: Manual on Presentation of Data. Philadelphia, March 1941

American Standards Association: Guide for Quality Control and Control Chart Method of Analysing Data. American War Standard Z. 1. 1 - 1941 and Z. 1. 2 - 1941, New York, 1941

American Standards Association: Control Chart Method of Controlling Quality during Production. American War Standard Z. 1. 3. - 1942, New York, 1942

American Statistical Association. : Acceptance Sampling. A Symposium. Washington 1950.

Bethel, Tann, Atwater and Rung : Production Control. Mc. Graw-Hill, New York, 1948

Bowker, A. H. and Goode, H. P. : Smpling Inspection by Variables. Mc Graw-Hill, New York and London 1952

Bennett, C. A. and Franklin, N. L. : Statistical Analysis in Chemistry and the Chemical Industry. Chaman & Hall, London, 1954

Brownlee, K. A. : Industrial Experimentation, 4. Auflage. His Majesty's Stationery Office, London, 1949

Burr, J. W. : Engineering Statistics and Quality Control. Mc Graw-Hill, New York, Toronto, London, 1953

Cramér, H. : Mathematical Methods of Statistics. Princetown University Press, Princetown, 1951

Croxton, F. E. and Cowden, D. J. : Applied General Statistics. Prentice-Hall, New York, 1943

Davies, O. L. : Statistical Methods in Research and Production with Special Reference to the Chemical Industry. 2. Auflage. Oliver and Boyd, London and Edinburgh, 1949

Deming, W. E. : Some Theory of Sampling. John Wiley, New York, Chapman & Hall, London, 1950

Dodge, H. F. and Roming, H. G. : Sampling Inspection Tables : Single and Double Sampling. John Wiley, New York, 1944

Dudding, B. P. and Jennet, W. J. : Quality Control Charts. British Standards Institution, B. S. 600 R, 1942

Eisenhart, Ch. , Millard, W. H. and Wallis, W. A. : Techniques of Statistical Analysis for Scientific and Industrial Research and Production and Management Engineering. Mc Graw-Hill, New York and London, 1947.

Enrick, N. L. : Quality Control. Industr. Press, New York 1948

Fraction-Defective Charts for Quality Control. British Standards Institution, B. S. 1313, 1947

Feigenbaum, A. V. : Quality-Control. Mc Graw-Hill, N. Y. 1951

Fisher, R. A. : Statistical Methods for Research Workers. Oliver and Boyd, and Edinburgh, 1950

--      : The Design of Experiments. Oliver and Boyd, London and Edinburgh, 1951

Fisher and Yates : Statistical Tables for Biological, Agricaltural and Medical Research, Oliver and Boyd (1949), 1954

Freeman : Industrial Statistics. Wiley, London, 1946

Freeman, H. A. and Others : Sequential Tests of Statistical Significance. (Research Group, Columbia University) SRG Memorandum 180. April 1944 (Now unavailable)

--      : Sequential Analysis of Statistical Data: Applications. (Research Group, Columbia University) SRG Report 255. July 1944 (Now unavailable)

Freeman, H. A., Friedman, M., Mosteller, F. and Wallis, W. A. : Sampling Inspection. Mc Graw-Hill, New York, 1948

Grant, E. L. : Statistical Quality Control. Mc Graw-Hill, New York and London 1952 (2. Auflage)

Herdan, G. : Quality Control by Statistical Methods. Thomas Nelson, London 1848

Juran, J. M. : Quality Control Handbook. Mc Graw-Hill, New York 1951

Heide, J. D. : Industrial Process Control by Statistical Methods. Mc Graw-Hill, New York and London, 1952

Kendall, M. : The Advanced Theory of Statistics. Griffin & Cy. London, 1948 (2 Bände)

Kennedy, C. W. : Quality Control Methods. Prentice-Hall, New York 1948

Kennedy, F. J. : Mathematics of Statistics (2 Bände ), D. Van Nostrand, New York, 1947

Molina, E. C. : Poisson's Exponential Binomial Limit. D. Van Nostrand, New York, 1942

Moore, F. G. : Production Control, Mc Graw-Hill, New York 1951

Peach, P. : An Introduction to Industrial Statistics and Quality Control. Raleigt N. C., Edwards and Broughton Co (2. Aufl.) 1947

Pearson, E. S. : British Standard 600 1935. The Application of Statisical Methods to Industrial Standardisation and Quality-Control. British Standards Institution, London 1935

Pearson, K. : Tables for Statisticans and Biometricans. Part. II. University Press London, 1931

Pearson and Bennet : Statistical Methods. Wiley, New York, 1942

Peatman : Descriptive and Sampling Statistics. Harper, New York 1947

Rice, W. M. B. : Control Charts in Factory Management. Wiley, New York 1947

Rider, P. R. : An Introduction to Modern Statistical Methods. Wiley, New York
1948

Rissik, H. : Quality Control in Production. Pitman and Sons, London 1947

Rutherford, J. G. : Quality Control in Industry, Methods and Systems. Pitman,
New York and London, 1948

Shewhart, W. A. : Economic Control of Quality of Manufactured Products. D.
Van Nostrand, New York 1931

-- : Statistical Method from the Viewpoint of Quality Control. (W. Edw.
Deming). The Graduate School, Department of Agriculture, Washing -
ton, 1939

Simon Leslie E. : An Engineer's Manual of Statistical Methods. Wiley, New
York, 1945

Smith, E. S. : Control Charts. Mc Graw -Hill, New York, 1947

Stubbings, G. W. : Engineering Statistics. Emmot & Co., Manchester 1947

Thoman, J. R. : Statistical Engineering in the Chemical Process Industries.
Chemonomics, New York 1951

Tippett, L. H. C. : The Methods of Statistics (2. Auflage) Willimams & Nor -
gate, London 1952

-- : Application of Statistical Methods to the Control of Quality in Indu -
strial Production. Statistical Society, Manchester 1934

-- : Random Sampling Numbers. Tracts for Computers Nr. 15

-- : Technological Applications of Statistics. John Wiley & Sons, New
York 1950

Wald, A. : Sequential Analysis, Wiley, New York 1947

Westman, A. E. R. : An Extension Course in Statistical Quality Control. Uni -
versity of Toronto Press, Toronto, Canada (ohne Jahresangabe)

Wharton, A. S. : Quality through Statistics. Philips Electrical Ltd., London,
1946 (2. Auflage)

Wolfenden, H. H. : The Fundamental Principles of Mathematical Statistics.
Macmillan, Toronto, 1942

Youden, W. J. : Statistical Methods for Chemists. Wiley, New York, 1951

Von ganz besonderem Interesse dürften die "National Convention Transactions"
sein, welche die American Society for Quality Control herausgibt. (Bezugs-
quelle: Milwaukee 3, Wisconsin 161 West Wisconsin Avenue, Plankinton Buil-
ding, Room 6197.)

**Zeitschriftenartikel**

AMS   = Annals of Mathematical Statistics

JRSS   = Supplement to the Journal of the Royal Statistical Society, London

RIIS   = Revue de l'Institut International de Statistique, Den Haag

JASA   = Journal of the American Statistical Association

Bayes, A. W. : Some Considerations of the Variability of Cotton Cloth Strength. JRSS, Band IV, 1937, Nr. 1, S. 61 - 93.

Birnbaum, Z. W. and Zuckermann, H. S. : A Graphical Determination of Sample Size for Wilks' Tolerance Limits. AMS. Band 20, 1949, S. 313 ff.

Daniels, H. E. : Some Problems of Statistical Interest in Wool Research. JRSS, Band V, 1938, S. 89 - 128

Day, B. B. : Applications of Statistical Methods to Research and Development in Engineering. RIIS, Band 17, 1949, Nr. 3/4, S. 129 - 155

Dodge, H. F. : A Sampling Inspection Plan for Continous Production, Band 14, 1943, S. 264 ff. (AMS)

Deming, W. E. : Some Principles of the Shewhart Methods of Quality Control. Mechanical Engineering, March 1944, Band 66, S. 173 - 177

--   : On the Sampling of Physical Materials. RIIS, Band 18, 1950, Nr. 1/2, Seite 1 - 20

Eisenhard, C. : The Interpretation of Certain Regression Methods and their Use in Biological and Industrial Research. AMS, Band 10, 1939. S. 162 ff.

Girshick, M. A. : Contributions to the Theory of Sequential Analysis. AMS. Band 17, 1946, S. 123 ff, S. 282 ff.

Gould, C. E. and Hampton, W. M. : Statistical Methods Applied to the Manufacture of Spectacle Glasses. JRSS, Band III, 1936, Nr. 2, S. 137-177

Greb, D. J. and Berrettoni, J. N. : AOQL Single Sampling Plans from a Single Chart and Table. JASA, Band 44, Nr. 245, S. 62 - 76

Grumell, E. S. : Statistical Methods in Industry, with Special Reference to the Sampling of Coal and other Materials. JRSS, Band II, 1935, S. 1-26

Hamaker, H. C. : Some Notes on lot-by-lot Inspektion by Attributes. RIIS, Band 18, 1950, Nr. 3/4, S. 179 - 196.

Girshick, Mosteller and Savage : Unbiased Estimates for Certain Binomial Sampling Problems with Applications. AMA, Band 17 1946, S. 13-23

Jennet, W. J. and Dudding, B. P. : Applications of Statistical Principles to an Industrial Problems. JRSS, Band III, 1936, Nr. 1, S. 1-28

Kay, A. T. Mc. : Distribution of the Coeffizient of Variation and the Extented "t" Distribution. JRSS, Band XCV, Teil IV, 1932, S. 695 ff.

Kosten, L., Manning, J. R. and Garwood, F. : On the Accuracy of Measurements of Probabilities of Loos in Telephone Systems. JRSS, Band XI, 1949, N. 1, S. 54-67

Moser, C. A. : The Use of Sampling in Great Britain. JASA, Band 44, Juni 1949, N. 246, S. 231 - 259

Newland, W. F. and Neal, E. E. : Statistical Control od the Quality of Telephone Service. JRSS, Band VI, 1939, S. 25 - 50

Peach, P. and Littauer, S. B. : A Note on Sampling Inspection. AMS, Band 17, 1946, S. 81 ff

Pearson, E. S. : Sampling Problems in Industry. JRSS., Band I, 1934, Nr. 2, S. 107 - 151

Pickard, R. H. : The Applications of Statistical Methods to Production and Research in Industry. JRSS, Band I, 1934, Nr. 1, S. 5 - 25

Sobel, M. and Wald, A. : A Sequential Decision Procedure for Choosing One of Three Hypotheses Concerning the Unknown Mean of a Normal Distribution. AMS, Band 20, 1949, S. 502 ff

Stevens, W. L. : Control by Gauging. JRSS, Band X, 1948, Nr. 1, S. 54-108

Tippett, L. H. C. : Some Applications of Statistical Methods to the Study of Variation of Quality in the Production of Cotton Yarn. JRSS, Band II, 1935, S. 27 - 62

Wilson, B. H. : Discrimination by Specification Statistically Considered and Illustrated by the Standard Specification for Portland Cement. JRSS, Band I, 1934, Nr. 2, S. 152 - 206

Wald, A. : Sequential Tests of Statistical Hypotheses. AMS, Band 16, 1945, S. 117 - 186

-- Setting of Tolerance Limits When the Sample is Large. AMS, Band 13, 1942, S. 389 - 399

-- An Extension of Wilks' Method of Setting Tolerance Limits. AMS, Band 14, 1943, S. 45 - 55

-- and Wolfowitz, J. : Tolerance Limits for a Normal Distribution. AMS, Band 17, 1946, S. 208 - 215

Wilks, S.S. : Determination of Sample Sizes for Setting Tolerance Limits.AMS,
   Band 12, 1941, S. 91 - 96

Zahlreiche weitere Artikel befinden sich in den Zeitschriften :

   Industrial Quality Control,

   Factory Management and Maintenance,

   Engineering Inspection,

   Mashine Design, Factory, Steel u. a.

   International Journal of Abstracts on Statistical Methods in Industry.Hrsg.:
   International Statistical Institute (2 Oostduinlaon. The Haag, Nether-
   land). Besprechung der laufend erscheinenden Aufsätze und der sonstigen
   Literatur in Kurzform.

   Management Science, Baltimore 2, Maryland

   Operational Research  Quarterly, London

   Operations Research, Baltimore 2, Maryland

## Veröffentlichungen in französischer Sprache

**Bücher und Tabellen**

DARMOIS, R. A. FISHER, WILKS, usw. : L'application du calcul des proba-
   bilités. Collection scientifique. Institut international de coopération
   intectuelle, Paris, 1945

DUGE DE BERNONVILLE : Initiation à l'analyse statistique. Librairie de droit
   et de jurisprudence. Paris (o. D.)

FISHER, R. A. : (Übersetzung) Les méthodes statistiques adaptées à la recherche
   scientifique". Presses Universitaires de France. Paris, 1947

GEGOS : Les techniques statistiques appliquées à la direktion des entreprises
   et des groupements professionnels. Tome II : Méthodes et procédés.
   Darlegungen über die Stichproben von HUBER, DELAPORTE et STOET-
   ZEL, Paris, 1942

HUBER, Michel : Statistiques d'entreprises. Vol.5 von "Cours de statistique
   appliquée aux affaires". - Actualités scientifiques et industrielles Nr.
   1036. Hermann & Cie., Paris, 1948

LAURENT, A. : La méthode statistique dans l'industrie. Presses Universitaires
   de France, Paris, 1950 (S. 134)

MARCUSE, M. : La fonction statistiques dans le contrôle de la gestion des entreprises. Dunod, Paris, 1947 (S. 385)

MOTHES Jean : Les méthodes statistiques modernes et leurs applications au
contrôle des fabrications en série. Ministéere de l'Economie Nationale. Etudes théoriques Nr. 4. Imprimerie nationale. Paris, 1947

MOTHES, J. : Techniques modernes de contrôle des fabrications. Durand Paris, 1952

VESSEREAU, André : La Statistique. Collection "Que sais-je ? " Presses Universitaires de France. Paris, 1947

WOLFF, Pierre : Les méthodes de contrôle dans les entreprises. Librairie Guy
le Prat, (o.O.u.D.)


**Zeitschriftenartikel**

CAIN, R. : "Applications du contrôle statistique aux fabrications en moyenne
et petite série". Revue Générale de Mécanique, No. 11, 1949, Paris.

CLAESON, G. : "Application du contrôle statistique à la fabrication en grande
série". Revue Générale Mécanique, No. 11, 1949, Paris.

FOURNIER, Y. : "Application des méthodes statistiques au contrôle de qualité
dans la fabrication en serie". Hommes et Techniques, mars 1947, Paris.

GIRSCHIG, G. : "La surveillance statistique des fabrications en série". Revue
Générale de Mécanique, No. 11, 1949, Paris.

HODARA, H. et R. : "Contrôle de la qualité dans l'industrie textile; les ob-
jectifs du controle de qualité. Le contrôle statistique. Le controle de
la qualité de la matière première en filature. " Hommes et Techniques
mai, juin, juillet-aout et septembre 1953. Paris.

LATIL, M. : "L'application des méthodes statistiques au contrôle de qualité.
Hommes et Techniques, déc. 1952. Paris.

MAC NIECE, H.E. : " L'armée, l'industrie et le contrôle de qualité". (d'ap-
rès le texte espagnol de Diaz y Diaz de la Cebosa, Trabajos de Esta -
distica, vol.4, cahier 3, 1953).

MENTHA, G. : "Méthodes d'échantillonnage dans l'industrie". Echos, Industrie et Technique, Nos. 18 et 21, 1949, Genève.

MOTHES, J. : "Quelques exemples d'application du contrôle statistique". Revue Générale de Mécanique, No. 11, 1949. Paris.

MOTHES, J. : "Quatre problèmes de contrôle des fabrications". Hommes et Techniques, juillet-aout 1951, Paris.

MOTHES, J. et ROTHSCHILD, C. : " Méthodes modernes de contrôle des fabrications". Hommes et Techniques, avril 1948, Paris.

RAMBACH, R. : "Le contrôle statistique convient-il à ma fabrication ? ". Hommes et Techniques, octobre 1953. Paris.


La "Revue statistique appliquée", publiée par l'Institut de Statistique, Paris, publie dès 1953 iniquement des études traitant du contrôle statistique des fabrications à raison d'un volume par trimestre.

# Stichwortverzeichnis

# Tabellen

Die Tabellen I - V sind dem Werke von FREEMAN, FREEDMAN, MOSTELLER & WALLIS : SAMPLING INSPECTION, copyrighted in 1948, Mc Graw-Hill Book Company, New York, entnommen.

Die Tabelle VI stammt aus dem Buch von E. S. SMITH : CONTROL CHARTS, copyrighted in 1947, Mc Graw-Hill Book Company, New York.

Die Tabellen VII - X wurden aus der Broschüre B. S. 600 R : 1942 QUALITY CONTROL CHARTS von der "British Standards Institution" (1), London, übernommen, mit Ausnahme der Koeffizienten $1/d_n$, L und J.

Wir möchten den Herausgebern dieser verschiedenen Werke, die uns wohlwollenderweise zur Wiedergabe dieser Tabellen autorisiert haben, unseren aufrichtigen Dank abstatten.

[1] Die originären Standards können zum Preise von 6 s. bei der British Standard Institution, 24—28, Victoria-Street, London, S. W. I.. bezogen werden.

**Tabelle I**

**Postenumfangsbuchstabe für Kontrollniveau und Postenumfang**

| Umfang des Postens | Probenumfangsbuchstabe für Kontrollniveau | | | | |
|---|---|---|---|---|---|
| | I | II | III | IV | V |
| Weniger als 25 | A | A | B | C | D |
| 25 — 50 | A | B | C | D | E |
| 50 — 100 | B | C | D | E | F |
| 100 — 200 | C | D | E | F | G |
| 200 — 300 | D | E | F | G | H |
| 300 — 500 | E | F | G | H | I |
| 500 — 800 | F | G | H | I | J |
| 800 — 1.300 | G | H | I | J | K |
| 1.300 — 3.200 | H | I | J | K | L |
| 3.200 — 8.000 | I | J | K | L | M |
| 8.000 — 22.000 | J | K | L | M | N |
| 22.000 — 110.000 | K | L | M | N | N |
| 110.000 — 550.000 | L | M | N | N | O |
| 550.000 und mehr | N | N | O | O | O |

Für die Anwendung dieser Tabelle siehe Seite 57.

Additional material from *Statische Fabrikationsüberwachung in der Industrie*
ISBN 978-3-222-98002-1 (978-3-222-98002-1_OSFO1),
is available at http://extras.springer.com

## Tabelle IVa

### Q. N.-Klassen, die verwendet werden, um eine verstärkte Kontrolle zu erhalten

| Q. N. für die normale Kontrolle eines Produktes verwendet ( in % fehlerhafter Elemente ) | Q. N. das zur Verstärkung der Kontrolle anwendbar ist (in % fehlherh. Elem. ) |
|---|---|
| 0,024-0,035 | * |
| 0,035-0,06 | 0,024-0,035 |
| 0,06 -0,12 | 0,024-0,035 |
| 0,12 -0,17 | 0,035-0,06 |
| 0,17 -0,22 | 0,06 -0,12 |
| 0,22 -0,32 | 0,12 -0,17 |
| 0,32 -0,65 | 0,17 -0,22 |
| 0,65 -1,2 | 0,22 -0,32 |
| 1,2 -2,2 | 0,32 -0,65 |
| 2,2 -3,2 | 0,65 -1,2 |
| 3,2 -4,4 | 1,2 -2,2 |
| 4,4 -5,3 | 2,2 -3,2 |
| 5,3 -6,4 | 3,2 -4,4 |
| 6,4 -8,5 | 4,4 -5,3 |

+ Wenn das Q. N. für die normale Kontrolle verwendet wird, in der die Klasse 0,024 - 0,035 gelegen ist, dann ist die verstärkte Kontrolle unmöglich. Für die Anwendung dieser Tabelle siehe Seite 82.

## Tabelle IVb

### Kontrollniveau, das für die Reduzierung der Kontrolle verwandt werden muß

| Kontrollniveau, das für die normale Kontrolle eines Produktes verwandt wird | Kontrollniveau, das verwandt werden muß, um eine Reduzierung der Kontrolle zu erreichen |
|---|---|
| I | * |
| II | I |
| III | I |
| IV | II |
| V | III |

+ Wenn das für die normale Kontrolle verwandte Kontrollniveau I ist, dann ist es unnütz, das Kontrollniveau zu reduzieren.

Für die Anwendung dieser Tabelle siehe Seite 82.

Additional material from *Statische Fabrikationsüberwachung in der Industrie*
ISBN 978-3-222-98002-1 (978-3-222-98002-1_OSFO2),
is available at http://extras.springer.com

## Tabelle VII
### Koeffizienten A, A', $d_n$, $1/d_n$, L und J

| n | $A_{0,001}$ | $A_{0,025}$ | $A'_{0,001}$ | $A'_{0,025}$ | $d_n$ | $1/d_n$ | L | J |
|---|---|---|---|---|---|---|---|---|
| 2 | 2,185 | 1,386 | 1,937 | 1,229 | 1,128 | 0,8862 | 0,183 | 2,738 |
| 3 | 1,784 | 1,132 | 1,054 | 0,668 | 1,693 | 0,5908 | 0,274 | 1,825 |
| 4 | 1,545 | 0,980 | 0,750 | 0,476 | 2,059 | 0,4857 | 0,333 | 1,501 |
| 5 | 1,382 | 0,876 | 0,594 | 0,377 | 2,326 | 0,4299 | 0,376 | 1,329 |
| 6 | 1,262 | 0,800 | 0,498 | 0,316 | 2,534 | 0,3946 | 0,410 | 1,219 |
| 7 | 1,168 | 0,741 | 0,432 | 0,274 | 2,704 | 0,3698 | 0,438 | 1,143 |
| 8 | 1,092 | 0,693 | 0,384 | 0,244 | 2,847 | 0,3512 | 0,461 | 1,085 |
| 9 | 1,030 | 0,653 | 0,347 | 0,220 | 2,970 | 0,3367 | 0,481 | 1,040 |
| 10 | 0,977 | 0,620 | 0,317 | 0,202 | 3,078 | 0,3249 | 0,498 | 1,004 |
| 11 | 0,932 | 0,591 | 0,295 | 0,186 | 3,173 | 0,3152 | 0,513 | 0,974 |
| 12 | 0,892 | 0,566 | 0,274 | 0,174 | 3,258 | 0,3069 | 0,527 | 0,948 |
| 13 | 0,857 | 0,544 | | | 3,336 | | | |
| 14 | 0,826 | 0,524 | | | 3,407 | | | |
| 15 | 0,798 | 0,506 | | | 3,472 | | | |
| 16 | 0,773 | 0,490 | | | 3,532 | | | |
| 17 | 0,750 | 0,475 | | | 3,588 | | | |
| 18 | 0,728 | 0,462 | | | 3,640 | | | |
| 19 | 0,709 | 0,450 | | | 3,689 | | | |
| 20 | 0,691 | 0,438 | | | 3,735 | | | |
| 21 | 0,674 | 0,428 | | | 3,778 | | | |
| 22 | 0,659 | 0,418 | | | 3,819 | | | |
| 23 | 0,644 | 0,409 | | | 3,858 | | | |
| 24 | 0,631 | 0,400 | | | 3,895 | | | |
| 25 | 0,618 | 0,392 | | | 3,931 | | | |
| 26 | 0,606 | 0,384 | | | 3,964 | | | |
| 27 | 0,595 | 0,377 | | | 3,997 | | | |
| 28 | 0,584 | 0,370 | | | 4,027 | | | |
| 29 | 0,574 | 0,364 | | | 4,057 | | | |
| 30 | 0,564 | 0,358 | | | 4,086 | | | |

Für die Anwendung dieser Tabelle siehe Seiten 125 bis 126, Seiten 131 und 132 und Seite 145.

**Tabelle VIII**
**Koeffizienten D und D'**

| n | $D_{0,001}$ | $D_{0,025}$ | $D_{0,975}$ | $D_{0,999}$ | $D'_{0,001}$ | $D'_{0,025}$ | $D'_{0,975}$ | $D'_{0,999}$ |
|---|---|---|---|---|---|---|---|---|
| 2 | 0,00 | 0,04 | 3,17 | 4,65 | 0,00 | 0,04 | 2,81 | 4,12 |
| 3 | 0,06 | 0,30 | 3,68 | 5,05 | 0,04 | 0,18 | 2,17 | 2,98 |
| 4 | 0,20 | 0,59 | 3,98 | 5,30 | 0,10 | 0,29 | 1,93 | 2,57 |
| 5 | 0,37 | 0,85 | 4,20 | 5,45 | 0,16 | 0,37 | 1,81 | 2,34 |
| 6 | 0,54 | 1,06 | 4,36 | 5,60 | 0,21 | 0,42 | 1,72 | 2,21 |
| 7 | 0,69 | 1,25 | 4,49 | 5,70 | 0,26 | 0,46 | 1,66 | 2,11 |
| 8 | 0,83 | 1,41 | 4,61 | 5,80 | 0,29 | 0,50 | 1,62 | 2,04 |
| 9 | 0,96 | 1,55 | 4,70 | 5,90 | 0,32 | 0,52 | 1,58 | 1,99 |
| 10 | 1,08 | 1,67 | 4,79 | 5,95 | 0,35 | 0,54 | 1,56 | 1,93 |
| 11 | 1,20 | 1,78 | 4,86 | 6,05 | 0,38 | 0,56 | 1,53 | 1,91 |
| 12 | 1,30 | 1,88 | 4,92 | 6,10 | 0,40 | 0,58 | 1,51 | 1,87 |

Für die Anwendung dieser Tabelle siehe Seiten 128 und 129.

## Tabelle IX

### Koeffizienten B, $b_n$ und $1/b_n$

| n | $B_{0,001}$ | $B_{0,025}$ | $B_{0,975}$ | $B_{0,999}$ | $b_n$ | $1/b_n$ |
|---|---|---|---|---|---|---|
| 2 | 0,001 | 0,022 | 1,585 | 2,327 | 0,564 | 1,772 |
| 3 | 0,026 | 0,130 | 1,568 | 2,146 | 0,724 | 1,382 |
| 4 | 0,078 | 0,232 | 1,529 | 2,017 | 0,798 | 1,253 |
| 5 | 0,135 | 0,311 | 1,493 | 1,922 | 0,841 | 1,189 |
| 6 | 0,187 | 0,372 | 1,462 | 1,849 | 0,869 | 1,151 |
| 7 | 0,233 | 0,420 | 1,437 | 1,791 | 0,888 | 1,126 |
| 8 | 0,274 | 0,459 | 1,415 | 1,744 | 0,903 | 1,108 |
| 9 | 0,309 | 0,492 | 1,396 | 1,704 | 0,914 | 1,094 |
| 10 | 0,339 | 0,520 | 1,379 | 1,670 | 0,923 | 1,084 |
| 11 | 0,367 | 0,543 | 1,365 | 1,640 | 0,930 | 1,075 |
| 12 | 0,391 | 0,564 | 1,352 | 1,614 | 0,936 | 1,068 |
| 13 | 0,413 | 0,582 | 1,340 | 1,591 | 0,941 | 1,063 |
| 14 | 0,432 | 0,598 | 1,329 | 1,570 | 0,945 | 1,058 |
| 15 | 0,450 | 0,613 | 1,320 | 1,552 | 0,949 | 1,054 |
| 16 | 0,467 | 0,626 | 1,311 | 1,535 | 0,952 | 1,050 |
| 17 | 0,482 | 0,637 | 1,303 | 1,520 | 0,955 | 1,047 |
| 18 | 0,495 | 0,648 | 1,295 | 1,505 | 0,958 | 1,044 |
| 19 | 0,508 | 0,658 | 1,288 | 1,492 | 0,960 | 1,042 |
| 20 | 0,520 | 0,667 | 1,282 | 1,480 | 0,962 | 1,040 |
| 21 | 0,531 | 0,676 | 1,276 | 1,469 | 0,964 | 1,038 |
| 22 | 0,541 | 0,684 | 1,270 | 1,458 | 0,966 | 1,036 |
| 23 | 0,551 | 0,691 | 1,265 | 1,449 | 0,967 | 1,034 |
| 24 | 0,560 | 0,698 | 1,260 | 1,439 | 0,968 | 1,033 |
| 25 | 0,569 | 0,704 | 1,255 | 1,431 | 0,970 | 1,031 |
| 26 | 0,577 | 0,710 | 1,250 | 1,423 | 0,971 | 1,030 |
| 27 | 0,584 | 0,716 | 1,246 | 1,415 | 0,972 | 1,029 |
| 28 | 0,592 | 0,721 | 1,242 | 1,408 | 0,973 | 1,028 |
| 29 | 0,599 | 0,727 | 1,238 | 1,401 | 0,974 | 1,027 |
| 30 | 0,605 | 0,731 | 1,235 | 1,394 | 0,975 | 1,026 |

Für die Anwendung dieser Tabelle siehe Seiten 144 und 146 und Seite 151.

## Tabelle X
### Koeffizienten C und $C_n$

| n | $C_{0,001}$ | $C_{0,025}$ | $C_{0,975}$ | $C_{0,999}$ | $C_n$ |
|---|---|---|---|---|---|
| 5 | 55,07 | 10,32 | 0,449 | 0,271 | 1,489 |
| 6 | 28,54 | 7,22 | 0,468 | 0,293 | 1,379 |
| 7 | 18,37 | 5,66 | 0,485 | 0,312 | 1,309 |
| 8 | 13,37 | 4,73 | 0,500 | 0,329 | 1,261 |
| 9 | 10,50 | 4,13 | 0,513 | 0,345 | 1,225 |
| 10 | 8,68 | 3,70 | 0,526 | 0,359 | 1,199 |
| 11 | 7,44 | 3,39 | 0,537 | 0,372 | 1,177 |
| 12 | 6,54 | 3,15 | 0,547 | 0,384 | 1,160 |
| 13 | 5,87 | 2,95 | 0,557 | 0,395 | 1,145 |
| 14 | 5,35 | 2,79 | 0,566 | 0,405 | 1,134 |
| 15 | 4,93 | 2,66 | 0,574 | 0,415 | 1,124 |
| 16 | 4,59 | 2,55 | 0,582 | 0,424 | 1,116 |
| 17 | 4,31 | 2,46 | 0,589 | 0,433 | 1,108 |
| 18 | 4,07 | 2,38 | 0,596 | 0,441 | 1,102 |
| 19 | 3,87 | 2,31 | 0,603 | 0,449 | 1,096 |
| 20 | 3,70 | 2,25 | 0,609 | 0,456 | 1,091 |
| 21 | 3,55 | 2,19 | 0,615 | 0,463 | 1,086 |
| 22 | 3,41 | 2,14 | 0,620 | 0,470 | 1,082 |
| 23 | 3,29 | 2,09 | 0,625 | 0,476 | 1,078 |
| 24 | 3,19 | 2,05 | 0,630 | 0,483 | 1,074 |
| 25 | 3,09 | 2,02 | 0,635 | 0,489 | 1,071 |
| 26 | 3,01 | 1,98 | 0,640 | 0,494 | 1,068 |
| 27 | 2,93 | 1,95 | 0,644 | 0,499 | 1,066 |
| 28 | 2,86 | 1,92 | 0,648 | 0,505 | 1,063 |
| 29 | 2,79 | 1,89 | 0,652 | 0,510 | 1,061 |
| 30 | 2,73 | 1,87 | 0,656 | 0,515 | 1,059 |

Für die Anwendung dieser Tabelle siehe Seite 152.